Günter Matthes
Gefahrstoffe sicher handhaben und lagern
Schulung/Unterweisung nach § 14 GefStoffV

4. Auflage 2017

Günter Matthes

Gefahrstoffe sicher handhaben und lagern

Schulung/Unterweisung nach § 14 GefStoffV

4. Auflage 2017

Bibliografische Information der Deutschen Nationalbibliothek
Die Deutsche Nationalbibliothek verzeichnet diese Publikation in der Deutschen
Nationalbibliografie; detaillierte bibliografische Daten sind im Internet
über <http://www.dnb.de> abrufbar.

Bei der Herstellung des Werkes haben wir uns zukunftsbewusst für umweltverträgliche
und wiederverwertbare Materialien entschieden.

ISBN: 978-3-609-68374-4

E-Mail: kundenservice@ecomed-storck.de

Telefon +49 89/2183-7922
Telefax +49 89/2183-7620

© 2017 ecomed SICHERHEIT, ecomed-Storck GmbH,
Landsberg am Lech

www.ecomed-storck.de

Dieses Werk, einschließlich aller seiner Teile, ist urheberrechtlich geschützt. Jede Verwertung außerhalb der engen Grenzen des Urheberrechtsgesetzes ist ohne Zustimmung des Verlages unzulässig und strafbar. Dies gilt insbesondere für Vervielfältigungen, Übersetzungen, Mikroverfilmungen und die Einspeicherung und Verarbeitung in elektronischen Systemen.

Satz: preXtension, Grafrath
Druck: CPI books GmbH, Leck

Vorwort

Gefährliche Stoffe, sogenannte Gefahrstoffe, sind heute ein wichtiger Bestandteil unserer technisch hochentwickelten Industriegesellschaft. Fast täglich wird jeder Einzelne von uns mit diesen Stoffen konfrontiert und kann bei unsachgemäßer Handhabung erhebliche Schäden an seinen Mitmenschen und an der Umwelt bewirken.

Zum Schutz der Menschen in produzierenden Betrieben sowie im Privatbereich und zum Schutz der Umwelt gibt es eine Vielzahl von Vorschriften. Die Einhaltung der Vorschriften ist vor allem davon abhängig, ob sie erkannt und bekannt sind, wie sie verstanden und ob sie richtig angewendet werden. Häufig sind Unwissenheit und Unverständnis Auslöser für Unfälle, Sachschäden oder Gesundheitsschäden, die vermeidbar gewesen wären.

Diese Broschüre soll jedem Beschäftigten in einem Betrieb helfen, die Bestimmungen über den Umgang und die Lagerung von Gefahrstoffen zu verstehen und künftig zielgerichteter und sicherer zu handeln. Beim Umgang mit Gefahrstoffen wird zwischen folgenden Schutzbestimmungen unterschieden:

▶ akute Gefahren (physikalische und humantoxikologische sofortige Gefahren)

▶ Umweltgefahren (kurz- und langfristige Schäden)

▶ langfristige körperliche Schäden (Spätfolgen) durch humantoxikologische Gefahren.

Gerade im Hinblick auf die langfristigen Schäden muss durch Präventionsmaßnahmen versucht werden, die Gesundheit von Menschen auch nach vielen Arbeitsjahren zu gewährleisten. Ansonsten droht das vorzeitige Ausscheiden aus dem Arbeitsleben durch Krankheit oder noch schlimmer, ein zu früher Tod. Es ist im Nachhinein sehr schwierig, einen bestimmten Gefahrstoff als Auslöser für eine gesundheitliche Schädigung zu orten. Deshalb kann man sich gegen langfristige mögliche Schäden nur vorbeugend schützen.

Es muss also bereits im Eigeninteresse eines jeden Beschäftigten liegen, mögliche Gefährdungen durch Gefahrstoffe zu erkennen und Gefahrensituationen zu vermeiden.

Mit diesem in **4. Auflage** vorliegenden Buch werden die wesentlichen Bestimmungen zum sicheren Umgang und zur sachgemäßen Lagerung von Gefahrstoffen in ortsbeweglichen Behältern dargestellt. Die komplexe Rechtslage, die sich durch das Zusammenwirken von zahlreichen nationalen und internationalen Vorschriften ergibt, wird bewusst einfach gehalten und nur am Rand thematisiert. Auch spezielle Bestimmungen, z. B. für die Lagerung von Sprengstoffen oder wassergefährdenden Stoffen oder für die Lagerung in ortsfesten Anlagen, werden in diesem Buch nicht behandelt.

Dieses Buch ist ein Buch für Beschäftigte und ihre alltägliche Arbeit mit Gefahrstoffen.

Günter Matthes Kaufering, im Oktober 2017

(www.matthes-sicherheit.de)

Hinweise zu Aufbau und Gebrauch

Gefahrstoffe sicher handhaben und lagern unterteilt sich in:

Teil 1　Unterweisungs- und Schulungsbestimmungen

Teil 2　Eigenschaften von Gefahrstoffen

Teil 3　Kennzeichnung von Gefahrstoffen nach CLP-Verordnung

Teil 4　Schutzbestimmungen für das Arbeiten mit Gefahrstoffen

Teil 5　Bestimmungen für die Lagerung

Anhang 1 Beispiel eines Sicherheitsdatenblattes

Anhang 2 Muster einer Betriebsanweisung

Anhang 3 Vorschriftenübersicht

Anhang 4 Begriffsbestimmungen und Begriffserklärungen

Anhang 5 Kontrollfragen

Bemerkung:
Zur vollständigen Unterweisung/Schulung empfiehlt sich das Expertenpaket, bestehend aus diesem Buch und einer **CD-ROM mit Power-Point-Folienvorlagen und weitergehenden Informationen, Arbeitshilfen und Erläuterungen** zu den einzelnen Themengebieten, die auch ausgedruckt und für die Schulungsteilnehmer vervielfältigt werden können.

Inhalt

Vorwort 5
Hinweise zu Aufbau und Gebrauch 6

1	**Unterweisungs-/Schulungsbestimmungen**	10
1.1	Unterweisungsbestimmungen nach Gefahrstoffverordnung	10
1.2	Unterweisungsbestimmungen nach Betriebssicherheitsverordnung	11
1.3	Schulungen zur Erlangung eines Sach- oder Fachkundenachweises	12
2	**Eigenschaften von Gefahrstoffen**	13
2.1	Physikalische Gefahreneigenschaften – Grundlagen	15
2.1.1	Aggregatzustände von Stoffen	15
2.1.2	Dampfdruck	16
2.1.3	Spezifisches Gewicht – Dichte	16
2.1.4	Verhalten von Gasen	17
2.1.5	Verhalten von brennbaren Flüssigkeiten	18
2.1.6	Verhalten von selbstentzündlichen Stoffen	19
2.1.7	Verbrennung – Oxidation	20
2.1.8	Dichte – Gewicht von Dämpfen und Gasen	21
2.2	Gefahren für den Menschen	22
2.2.1	Verhalten von giftigen Stoffen	22
2.2.2	Verhalten von ätzenden/reizenden Stoffen	23
2.3	Gefahren für die Umwelt	23
2.4	Verhaltensregeln beim Umgang mit Gefahrstoffen	24
2.5	Explosionsschutz	25
2.5.1	Explosionsbereich	25
2.5.2	Zündgefahren/Zündquellen	26
2.5.3	Arbeitsschutz für explosionsgefährdete Bereiche	27
3	**Kennzeichnung von Gefahrstoffen nach CLP-Verordnung**	31
3.1	Kennzeichnungssystem der CLP-Verordnung	31
3.1.1	Physikalische Gefahren und Kategorien	32
3.1.2	Gesundheitsgefahren und Kategorien	36
3.1.3	Umweltgefahren und Kategorien	39
3.2	Kennzeichnungs- und Verpackungsbestimmungen	40
3.2.1	Kennzeichnungsetikett	40

Inhalt

3.2.2	Allgemeine Bestimmungen zur Kennzeichnung	41
3.2.3	Kennzeichnungsbestimmungen bei Stoffen, die Gefahrgut und Gefahrstoff sind	41
3.2.4	Kennzeichnungsbestimmungen bei Stoffen, die nur Gefahrstoff sind	46
3.2.5	Umverpackungen zur Lagerung	47
3.2.6	Verpackungsbestimmungen	47
3.2.7	Kennzeichnung von Asbest	48
3.3	Kennzeichnung von Gasgefäßen (Flaschen) und Rohrleitungen	49
4	**Schutzbestimmungen für das Arbeiten mit Gefahrstoffen nach Arbeitsschutzgesetz und Gefahrstoffverordnung**	**51**
4.1	Allgemeine Arbeitsschutzbestimmungen	51
4.2	Arbeitsschutzbestimmungen nach der Gefahrstoffverordnung	52
4.2.1	Allgemeine Schutzmaßnahmen nach § 8 GefStoffV	52
4.2.2	Zusätzliche Schutzmaßnahmen nach § 9 GefStoffV	53
4.2.3	Besondere Schutzmaßnahmen bei Tätigkeiten mit krebserzeugenden, keimzellmutagenen und reproduktionstoxischen Gefahrstoffen	53
4.2.4	Brand- und Explosionsschutzmaßnahmen (§ 11 und Anhang I Nr. 1 GefStoffV)	54
4.2.5	Besondere Schutzmaßnahmen (Anhang I GefStoffV)	54
4.2.6	Arbeitsmedizinische Vorsorge	55
5	**Lagerung**	**56**
5.1	Allgemeine Bestimmungen zur Lagerung	56
5.1.1	Verbote des Lagerns	58
5.1.2	Allgemeine Regelungen nach TRGS 510	59
5.1.2.1	Regelungen für die Lagerbehälter	59
5.1.2.2	Kennzeichnung des Lagergutes und des Lagerraums	59
5.1.2.3	Lagerung in Lagern	60
5.1.2.4	Lagerorganisation	60
5.1.2.5	Sicherung des Lagergutes	61
5.1.2.6	Hygienische Schutzmaßnahmen	61
5.1.2.7	Persönliche Schutzausrüstung	62
5.1.2.8	Erste-Hilfe-Maßnahmen	62
5.1.2.9	Maßnahmen zur Alarmierung	62
5.1.3	Maßnahmen zum Brandschutz	63
5.2	Ergänzende Lagerbestimmungen für spezielle Gefahrstoffe	64
5.2.1	Lagerung entzündbarer Flüssigkeiten	65
5.2.1.1	Lagerung in Sicherheitsschränken	67
5.2.1.2	Lagerung im Freien	68
5.2.1.3	Lagerung außerhalb von Lagern	69

Inhalt

5.2.2	Lagerung akut toxischer (giftiger) Stoffe	69
5.2.3	Lagerung von oxidierend (brandfördernd) wirkenden Stoffen	70
5.2.4	Lagerung von Gasen unter Druck	71
5.2.5	Lagerung von Aerosolpackungen und Druckgaskartuschen	72
5.3	Zusammenlagerungsverbote	73
Anhang 1	Beispiel eines Sicherheitsdatenblattes	77
Anhang 2	Muster einer Betriebsanweisung	84
Anhang 3	Vorschriftenübersicht	85
Anhang 4	Begriffsbestimmungen und Begriffserklärungen	87
Anhang 5	Kontrollfragen	99

1 Unterweisungs-/Schulungsbestimmungen

1 Unterweisungs-/Schulungsbestimmungen

Die Unterweisung der Beschäftigten zum Arbeitsschutz, zur Arbeitssicherheit und zum Gesundheitsschutz allgemein ist in mehreren Vorschriften geregelt, z. B. in:

- § 12 Arbeitsschutzgesetz (ArbSchG)
- § 12 Betriebssicherheitsverordnung (BetrSichV)
- § 4 DGUV Vorschrift 1 „Grundsätze der Prävention".

Beim Arbeiten mit gefährlichen Stoffen werden zusätzliche spezielle Unterweisungen der Beschäftigten nach der Gefahrstoffverordnung (GefStoffV) gefordert. In verschiedenen Technischen Regeln für Gefahrstoffe (TRGS) werden diese Regelungen für einzelne Gefahrstoffgruppen oder bestimmte Tätigkeitsbereiche erläutert und genauer bestimmt.

1.1 Unterweisungsbestimmungen nach Gefahrstoffverordnung

Die Unterweisung muss vor Aufnahme der Tätigkeit und danach mindestens einmal jährlich erfolgen. Bei Jugendlichen muss sie mindestens halbjährlich erfolgen, soweit für sie die Tätigkeit erlaubt ist.

Zusätzlich sind Unterweisungen erforderlich, wenn sich Änderungen bei der Tätigkeit ergeben, z. B. durch die Einführung eines neuen Verfahrens oder anderer Gefahrstoffe, sowie bei Vorschriftenänderung. Die Unterweisungen sollten von den betrieblichen Vorgesetzten durchgeführt werden. Es ist sicherzustellen, dass die Beschäftigten an den Unterweisungen teilnehmen.

In **§ 14 der Gefahrstoffverordnung** werden die Anforderungen an die Unterrichtung und Unterweisung der Beschäftigten formuliert:

- Der Arbeitgeber hat sicherzustellen, dass die Beschäftigten über Methoden und Verfahren unterrichtet werden, die bei der Verwendung von Gefahrstoffen zum Schutz der Beschäftigten angewendet werden müssen.
- Der Arbeitgeber hat auch sicherzustellen, dass die Beschäftigten Zugang zu allen Informationen über Stoffe und Gemische haben, mit denen sie Tätigkeiten ausüben, insbesondere zu den Sicherheitsdatenblättern.

> **Hinweis:**
> Sicherheitsdatenblätter sind z. T. sehr komplexe Informationsschriften zu Stoffen oder Gemischen, die nicht immer gleich verständlich sind. Dieses Buch soll den Beschäftigten unter anderem helfen, die vielen Begriffe und verwendeten Daten in einem Sicherheitsdatenblatt zu verstehen, um die erforderlichen Schutzmaßnahmen des Arbeitgebers nachzuvollziehen bzw. selbst Schutzmaßnahmen zu erfragen oder anzuwenden.
> Muster eines Sicherheitsdatenblattes siehe Anhang 1; Begriffsbestimmungen siehe Anhang 4.

- Der Arbeitgeber hat ferner sicherzustellen, dass die Beschäftigten anhand der innerbetrieblichen Betriebsanweisung über alle auftretenden Gefährdungen und entsprechende Schutzmaßnahmen mündlich unterwiesen werden. Teil dieser Unterweisung ist eine allgemeine arbeitsme-

Unterweisungs-/Schulungsbestimmungen

dizinisch-toxikologische Beratung. Diese soll unter anderem darüber informieren, unter welchen Voraussetzungen die Beschäftigten einen Anspruch auf arbeitsmedizinische Vorsorge haben, und welchen Zweck diese Vorsorge hat. Diese Beratung ist unter Beteiligung eines Arztes durchzuführen, soweit aus arbeitsmedizinischen Gründen notwendig.

Wenn in einem Betrieb Fremdfirmen Tätigkeiten mit Gefahrstoffen ausüben, hat der Arbeitgeber nach **§ 15 der Gefahrstoffverordnung** als Auftraggeber sicherzustellen, dass nur solche Fremdfirmen herangezogen werden, die über die Fachkenntnis und Erfahrung verfügen, die für diese Tätigkeiten erforderlich sind. Der Arbeitgeber hat darüber hinaus die Fremdfirmen über Gefahrenquellen und spezifische Verhaltensregeln zu informieren.

In **Anhang I der Gefahrstoffverordnung** sind zusätzlich Unterweisungen für bestimmte Tätigkeiten, z. B. Arbeiten mit Asbest, Schädlingsbekämpfung oder Begasungen, geregelt.

So muss nach Anhang I Nr. 1.4 der Arbeitgeber die Beschäftigten für Arbeiten in explosionsgefährdeten Bereichen oder beim Umgang mit Gefahrstoffen, die zu Brand- und Explosionsgefährdungen führen können, angemessen unterweisen. Bei besonders gefährlichen Tätigkeiten, die in Wechselwirkung mit anderen Tätigkeiten Gefährdungen verursachen können, ist eine schriftliche Arbeitsfreigabe mit besonderen schriftlichen Anweisungen des Unternehmers vor Aufnahme der Tätigkeit erforderlich.

In der **TRGS 555 „Betriebsanweisung und Information der Beschäftigten"** werden erklärende und ergänzende Anforderungen an die Unterweisungen und die bereitzustellenden Informationen geregelt: Der Arbeitgeber stellt sicher, dass den Beschäftigten vor Aufnahme der Tätigkeit eine schriftliche Betriebsanweisung zugänglich gemacht wird. Diese ist in einer für die Beschäftigten verständlichen Form und Sprache abzufassen und an geeigneter Stelle an der Arbeitsstätte möglichst in Arbeitsplatznähe zugänglich zu machen.

Eine Betriebsanweisung ist eine arbeitsplatz- und tätigkeitsbezogene verbindliche schriftliche Anordnung des Arbeitgebers an Beschäftigte zum Schutz vor Unfall- und Gesundheitsgefahren, Brand- und Explosionsgefahren sowie zum Schutz der Umwelt bei Tätigkeiten mit Gefahrstoffen.

Die Beschäftigten haben die Betriebsanweisung zu beachten. Sie müssen anhand dieser Betriebsanweisung unterwiesen werden.

1.2 Unterweisungsbestimmungen nach Betriebssicherheitsverordnung

Für den sicheren Umgang mit Arbeitsmitteln und Geräten sowie für das Arbeiten in bestimmten Anlagen greifen die Unterweisungsbestimmungen des **§ 12 der Betriebssicherheitsverordnung**:

(1) Bevor Beschäftigte Arbeitsmittel erstmalig verwenden, hat der Arbeitgeber ihnen ausreichende und angemessene Informationen anhand der Gefährdungsbeurteilung in einer für die Beschäftigten verständlichen Form und Sprache zur Verfügung zu stellen über

1. *vorhandene Gefährdungen bei der Verwendung von Arbeitsmitteln einschließlich damit verbundener Gefährdungen durch die Arbeitsumgebung,*
2. *erforderliche Schutzmaßnahmen und Verhaltensregelungen und*
3. *Maßnahmen bei Betriebsstörungen, Unfällen und zur Ersten Hilfe bei Notfällen.*

Der Arbeitgeber hat die Beschäftigten vor Aufnahme der Verwendung von Arbeitsmitteln tätigkeitsbezogen anhand der Informationen nach Satz 1 zu unterweisen. Danach hat er in regelmäßigen Abständen, mindestens jedoch einmal jährlich, weitere Unterweisungen durchzuführen. Das Datum einer jeden Unterweisung und die Namen der Unterwiesenen hat er schriftlich festzuhalten.

Unterweisungs-/Schulungsbestimmungen

1.3 Schulungen zur Erlangung eines Sach- oder Fachkundenachweises

Neben den innerbetrieblichen allgemeinen Unterweisungsbestimmungen für die Beschäftigten gibt es auch Forderungen über Schulungen der Beschäftigten zur Erlangung einer Sach- oder Fachkunde, wie z. B.

▶ für Arbeiten mit Asbest, Asbeststaub oder sonstigen asbesthaltigen Materialien nach Anhang I Nr. 2.4.2 Absatz 3 der Gefahrstoffverordnung

▶ für Schädlingsbekämpfung nach Anhang I Nr. 3.4 Absatz 4 und 6 der Gefahrstoffverordnung

▶ für Begasungen nach Anhang I Nr. 4.3.1 Absatz 2 der Gefahrstoffverordnung

▶ für Arbeiten mit organischen Peroxiden nach Anhang III Nr. 2.4 der Gefahrstoffverordnung

▶ Fachkunde für den Umgang mit Sprengstoffen nach § 9 des Sprengstoffgesetzes und Befähigungsschein für verantwortliche Personen nach § 20 des Sprengstoffgesetzes.

> **Hinweis:**
> Eine Übersicht aller wichtigen Gesetze, Verordnungen und Technischen Regeln finden Sie im Anhang 3 dieses Buches.

2 Eigenschaften von Gefahrstoffen

Gefahrstoffe können auf unterschiedliche Weise den Menschen und der Umwelt schaden oder diese schädigen. Abbildung 1 zeigt verschiedene Gefährdungsmöglichkeiten auf.

Art der Gefahr	Verursacht durch
Ersticken Vergiften Infektion (Einatmen, Verschlucken, Hautkontakt)	– Gase, Dämpfe – Rauchgase bei Bränden – Arbeiten mit giftigen Stoffen – Giftige oder gesundheitsschädliche Stoffe, die durch chemische Reaktionen freiwerden – Infektion bei gefährlichen biologischen Arbeitsstoffen
Verletzungen durch Gegenstände / Druckverletzungen (Primärverletzungen / Sekundärverletzungen)	– Verletzungen durch Explosionen, Splitterwirkung durch Explosivstoffe – Explosive Gas-Dampf-Luftgemische – Druckgefäßzerknall (Druckerhöhung im Behälter) – Staubexplosionen
Äußere Bestrahlung / Verbrennung	– Radioaktive Strahlung – Wärmestrahlung – Sonstige unsichtbare Strahlung
Verbrennung	– Brennbare feste, flüssige oder gasförmige Stoffe – Selbstentzündliche Stoffe – Stoffe, die bei Kontakt mit Wasser entzündbare Gase bilden – Stoffe, die unter heißen Temperaturen verarbeitet oder gelagert werden
Verätzung	– Ätzende Stoffe – Ätzende Gase und Dämpfe

2 Eigenschaften von Gefahrstoffen

Art der Gefahr	Verursacht durch
Erfrierung	– Flüssige Gase, die sich durch Entspannung beim Freiwerden abkühlen – Tiefkalte flüssige Gase
	– Umweltgefährdende Stoffe, die Luft, Boden, Gewässer und Pflanzen schädigen

Abbildung 1: Gefahren für den Menschen und die Umwelt

Die folgenden Unfallbeispiele zeigen, wie schnell ein unbedachter oder falscher Umgang mit gefährlichen Stoffen zu Schäden an Mensch und Umwelt führen kann.

Entzündung brennbarer Lösungsmitteldämpfe

Beim Arbeiten mit Lösungsmitteln und Klebstoffen im Dachgeschoss einer Wohnung wurden erhebliche Mengen Dämpfe freigesetzt. Die Handwerker öffneten die Dachfenster und die Wohnungstür im Treppenhaus und gingen anschließend in die Pause nach unten. Die Dämpfe der Lösungsmittel verschwanden nicht über das Dachfenster, sondern flossen über das Treppenhaus nach unten und wurden dort durch einen Zündfunken gezündet. Es erfolgte eine Rückzündung in die Dachgeschosswohnung. Folge war ein erheblicher Sachschaden.

Augenverätzung durch Batteriesäure

Ein Mechaniker einer LKW-Werkstatt füllte in der Ladestation für Autobatterien destilliertes Wasser nach. Er verwendete dabei keine Schutzbrille. Nach dem Ladevorgang war die Batterie warm. Beim Einfüllen des destillierten Wasser spritzte Schwefelsäure heraus und gelangte in das linke Auge des Mechanikers. Das Augenlicht konnte nur durch das schnelle Spülen eines Kollegen mit Wasser und ärztlicher Notversorgung gerettet werden.

Kohlenmonoxidvergiftung

Im Winter versuchen manche Leute, ihre Zimmer mit einem Holzkohlegrill zu heizen. Im Sommer wird manchmal ein angefeuerter Grill in die Garage gestellt, weil es angefangen hat zu regnen. Im Freien ist Grillen kein Problem, weil sich das Kohlenmonoxid verflüchtigt. In geschlossenen Räumen aber steigt die Konzentration des Gases immer weiter an, mit möglicherweise fatalen Folgen. Auch Holz- und Kohleöfen bergen diese Gefahr, wenn der Abzug über den Kamin nicht ausreichend ist.

Gasexplosion (Acetylen)

In einem Werkstattwagen (Kastenaufbau) wurde eine 10-Liter-Acetylen-Gasflasche ohne Ladungssicherung und ohne Ventilschutzkappe befördert. In dem Fahrzeug gab es zwar Sicherungseinrichtungen für 40-Liter-Gasflaschen, jedoch nicht für eine 10-Liter-Gasflasche. Das Fahrzeug besaß auch keine ausreichende Be- und Entlüftung (nach Gefahrgutrecht vorgeschrieben). Während der Fahrt kam es zur Explosion, bei der alle drei Arbeitnehmer im Fahrzeug ihr Leben verloren. Nach Er-

Eigenschaften von Gefahrstoffen 2

mittlungsangaben wurde Acetylengas durch den ungesicherten Transport und aufgrund der fehlenden Ventilschutzkappe frei und sammelte sich im Fahrzeuginneren an. Acetylen ist ein Gas mit einem sehr großen Explosionsbereich und zur Zündung wird nur eine geringe Zündenergie benötigt. Es reicht z. B. ein Funken von Metall auf Metall oder das Einschalten einer Beleuchtung (z. B. Kofferraumbeleuchtung oder Taschenlampe). Bei der Explosion traten im Umkreis von 500 m noch leichte Schäden an den Häusern auf.

2.1 Physikalische Gefahreneigenschaften – Grundlagen

2.1.1 Aggregatzustände von Stoffen

Gefahrstoffe sind feste, flüssige oder gasförmige Stoffe, die als technischer Reinstoff, als Gemisch oder als Abfall auftreten können oder auch erst durch die Be- und Verarbeitung entstehen können.

Begriffe

Fest	sind feste Stoffe und Stoffe, die aufgrund ihres Fließverhaltens (ihrer Viskosität) als fest eingestuft sind. Je zähflüssiger ein Stoff ist, umso höher ist seine Viskosität.
Flüssig	sind Stoffe, die unter normalen atmosphärischen Bedingungen flüssig sind und bei 20 °C nicht vollständig gasförmig sind, sowie Stoffe, die aufgrund ihrer Viskosität als flüssig eingestuft sind.
Gasförmig	sind Stoffe, die unter normalen atmosphärischen Bedingungen vollständig gasförmig sind.
Schmelzpunkt	ist die Temperatur, bei der ein fester Stoff in den flüssigen Zustand übergeht.
Siedepunkt	ist die Temperatur, bei der eine Flüssigkeit unter innerer Blasenbildung in den gasförmigen Zustand übergeht.

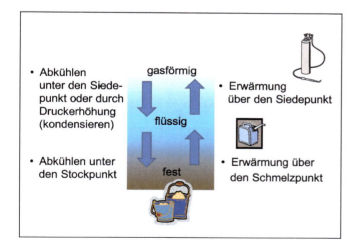

Abbildung 2: Übergänge der Aggregatzustände fest, flüssig, gasförmig

Die Übergänge von fest auf flüssig und flüssig auf gasförmig sind i. d. R. mit einer Volumenausdehnung (Volumenvergrößerung) verbunden. Propan oder Butan nehmen z. B. im flüssigen Zustand (unter Druck verflüssigt) 260 x weniger Raum ein als im gasförmigen Zustand. Dieser Eigenschaft ist es zu verdanken, dass flüssiges Gas in großen Mengen in Behältnissen gelagert werden kann. Ist der Raum für eine Volumenvergrößerung nicht vorhanden, steigt der Druck in diesem Raum (Behältnis) an.

15

2 Eigenschaften von Gefahrstoffen

Wasser nimmt beim Übergang in die Gasphase (Siedepunkt) ca. 1700 x so viel Raum ein wie im flüssigen Zustand. Wenn man diesen Vorgang in einem geschlossenem Behältnis durchführt, entstehen für Wasser beim Erhitzen von außen folgende Drücke:

| Wasser | bei 20 °C: 0,023 bar | bei 100 °C: 1,013 bar | bei 200 °C: 15,55 bar | bei 300 °C: 85,88 bar |

2.1.2 Dampfdruck

Dampfdruck ist der Druck, den eine Flüssigkeit oder ein gasförmiger Stoff in einem geschlossenen Raum/Behältnis bei Erwärmung von außen entwickelt.

Der Druck wird nach dem SI-Einheitssystem in Pascal (Pa) angegeben.
(Alte Einheit = bar; 1 bar = 100 000 Pascal (Pa) = 100 Kilopascal (kPa) = 1 000 Hektopascal (hPa))

Drücke von Gefäßen, Behältnissen oder Tanks werden immer als Überdruck (über dem atmosphärischen liegender Druck) angegeben. Der Druck von Stoffen dagegen wird immer als absoluter Druck angegeben.

Bei steigender Außentemperatur erhöht sich der Dampfdruck, wie hier am Stoffbeispiel Propan gezeigt wird:

| Propan | bei 20 °C: ca. 8300 hPa (8,3 bar) | bei 30 °C: ca. 11 000 hPa (11 bar) | bei 40 °C: ca. 14 000 hPa (14 bar) |

Beim Einfüllen von Flüssigkeiten in Behältnisse und der anschließenden Lagerung müssen die Ausdehnungen und der daraus resultierende Druck bei bestimmten Temperaturen berücksichtigt werden. Ebenso ist ein **füllungsfreier Raum** innerhalb des Behälters einzuhalten, damit sich bei Ausdehnung der Flüssigkeit kein unzulässiger Überdruck entwickelt und damit eine Beschädigung oder Verformung des Behälters oder ein Freiwerden des Stoffes erfolgt. Für die Dampfdruckberechnung sollte eine Außentemperatur von + 50 °C einkalkuliert werden.

Sofern nichts anderes vorgeschrieben/vorgesehen ist, darf der Füllungsgrad, bezogen auf eine Abfülltemperatur von 15 °C, höchstens betragen:

Siedepunkt (Siedebeginn) des Stoffes in °C	< 60	> 60 < 100	> 100 < 200	> 200 < 300	> 300
Füllungsgrad in % des Fassungsraumes der Verpackung	90	92	94	96	98

Der Füllungsgrad lässt sich auch korrekt mittels Formel und Kenntnis des mittleren Ausdehnungskoeffizienten des Stoffes errechnen.

2.1.3 Spezifisches Gewicht – Dichte

Beim Befüllen von Fässern, Kanistern und anderen Behältnissen mit Flüssigkeiten oder Feststoffen ist das spezifische Gewicht zu berücksichtigen, damit das Behältnis nicht überfüllt und nicht überladen wird.

Spezifisches Gewicht ist die Dichte eines Stoffes in kg/dm^3.

Eigenschaften von Gefahrstoffen 2

Bei 4 °C wiegt 1 Liter Wasser genau 1 kg = 1 dm³ und hat somit ein spezifisches Gewicht von 1,0. 1 Liter von anderen flüssigen Stoffen können schwerer oder leichter als Wasser sein, das spezifische Gewicht kann also > 1, 0 oder < 1,0 sein. Flüssigkeiten mit einem spezifischen Gewicht von < 1,0 schwimmen auf dem Wasser, z. B. Dieselöl oder Benzin. Aus diesem Grund können Brände mit Flüssigkeiten, die leichter sind als Wasser, auch nicht mit Wasser gelöscht werden, weil diese aufschwimmen und oben weiterbrennen.

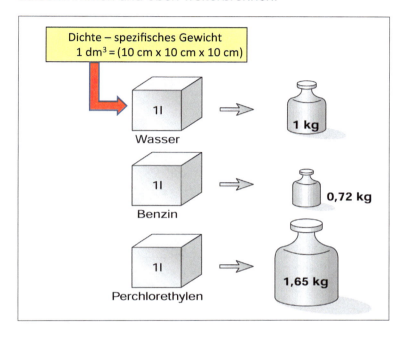

Abbildung 3: Spezifisches Gewicht

Stoffbeispiele: Hochkonzentrierte Schwefelsäure hat eine Dichte von 1,84 (1 kg = 0,54 Liter); Quecksilber hat eine Dichte von 13,55 (1 kg = 0,073 Liter/73 ml).

2.1.4 Verhalten von Gasen

▶ Gase können leichter oder schwerer als Luft sein (siehe Beispiele in der Tabelle)

▶ Gase können sauerstoffverdrängend sein und somit erstickende Wirkung haben

▶ Gase können giftig sein

▶ Gase können ätzend oder reizend sein

▶ Gase können brennbar sein

▶ Gase können riechbar oder geruchsneutral sein

▶ Gase können oxidierend wirkende Eigenschaften haben

▶ Gase unter Druck verflüssigt können beim Freiwerden durch die Entspannung stark abkühlen (Erfrierungsgefahr)

▶ Tiefkalte Gase sind flüssig und sehr kalt (Verbrennungsgefahr), z. B. Stickstoff bei minus 192 °C oder Sauerstoff bei minus 186 °C

2 Eigenschaften von Gefahrstoffen

Tabelle 1: Eigenschaften einiger Gase

Stoffbeispiele	Eigenschaften	Dichte gasförmig (Luft = 1,0)	Dichte Gas flüssig (Wasser = 1,0)
Kohlendioxid (CO_2)	Geruchloses, nicht brennbares, nicht giftiges Gas	1,52	0,82
Kohlenmonoxid (CO)	Geruchloses giftiges und brennbares Gas	0,97	0,79
Flüssiggas Propan/Butan Gemisch (LPG)[1]	Brennbares Gas. Durch den Butananteil riechbar	1,54	0,525
Erdgas komprimiert (CNG)[2]	Geruchloses brennbares Gas	0,7	0,70
Erdgas flüssig (LNG)[3]	Geruchloses brennbares Gas	0,6	0,43
Acetylen	Knoblauchartig riechendes, extrem entzündbares Gas	0,9	0,73
Wasserstoff	Geruchloses, extrem entzündbares Gas	0,07	0,07
Stickstoff	Geruchloses, nicht giftiges, nicht brennbares und nicht wahrnehmbares Gas	0,97	0,8
Helium	Nicht brennbares, nicht giftiges und nicht wahrnehmbares Gas	0,18	0,12
Chlorgas	Stechend riechendes, giftiges, ätzendes und brandförderndes Gas	2,49	1,56
Ammoniak wasserfrei	Giftiges, ätzendes Gas, ammoniakartiger Geruch	0,60	0,70
Methan	Brennbares Gas (Biogas)	0,60	0,42

[1] = Liquefied Petroleum Gas (Flüssiggas)
[2] = Compressed Natural Gas (Erdgas verdichtet)
[3] = Liquefied Natural Gas (Erdgas tiefkalt flüssig)

Mechanisch wirkende Stickgase, gekennzeichnet mit ⟡

sind Gase, die den Sauerstoff in der Luft verdrängen und somit bewirken, dass beim Atmen kein oder zu wenig Sauerstoff eingeatmet wird. Gase wie Stickstoff, Kohlendioxid, Edelgase (Argon, Helium, Neon, Xenon usw.) sind nicht riechbar und es besteht Erstickungsgefahr ohne vorherige bemerkbare Anzeichen. Auch brennbare Gase wie Butan oder Propan haben diese Eigenschaften der Sauerstoffverdrängung, jedoch lässt sich Butan im Geruch wahrnehmen.

Chemisch wirkende Giftgase, gekennzeichnet mit 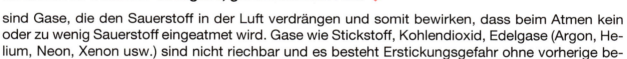 **oder**

sind Gase, die sich in der Atemluft anreichern und mit der Atemluft eingeatmet werden. Beispiele sind Chlorgas, Arsenwasserstoff, Schwefelwasserstoff oder Kohlenmonoxid. Diese Gase blockieren im Körper die Aufnahme oder den Weitertransport von Sauerstoff. Bei einigen giftigen Gasen werden auch die roten Blutkörperchen zerstört und somit die Versorgung der Zellen mit Sauerstoff verhindert, weil der Transport nicht mehr funktioniert. Die chemisch wirkenden Giftgase haben meistens eine verzögerte Wirkung, sodass erst nach Stunden oder Tagen eventuell Vergiftungserscheinungen auftreten können. Deshalb ist hier unbedingt ein Arzt hinzuzuziehen.

2.1.5 Verhalten von brennbaren Flüssigkeiten

Bei brennbaren Flüssigkeiten ist der Flammpunkt zu beachten. Der **Flammpunkt** ist der Temperaturpunkt, bei dem sich auf der Oberfläche von brennbaren Flüssigkeiten erstmals Gase/Dämpfe bilden. Diese Dämpfe können in Verbindung mit Luft/Sauerstoff und einer Zündquelle gezündet wer-

Eigenschaften von Gefahrstoffen

den. Dieser Temperaturpunkt darf nicht mit dem weitaus höheren **Siedepunkt** (Übergang der Flüssigkeit in den gasförmigen Zustand) verwechselt werden.

> **Beachte:**
> Brennbare Flüssigkeiten werden als **Gefahrstoff** in **drei Kategorien** eingeteilt:
> ▶ Kategorie 1, extrem entzündbar: Flammpunkt < + 23 °C, Siedepunkt < + 35 °C
> ▶ Kategorie 2, leicht entzündbar: Flammpunkt < + 23 °C, Siedepunkt > + 35 °C
> ▶ Kategorie 3, entzündbar: Flammpunkt > + 23 °C bis + 60 °C, Siedepunkt > + 35 °C

Die meisten brennbaren Flüssigkeiten haben eine Dichte von < 1, 0, sind also leichter als Wasser und schwimmen auf dem Wasser. Bei Mineralölprodukten besteht auch eine schlechte Löslichkeit in Wasser, weshalb diese Brände nicht mit Wasser gelöscht werden können.

Tabelle 2: Flammpunkt, Dichte und Siedepunkt einiger brennbarer Flüssigkeiten

Stoff	Flammpunkt	Dichte	Siedepunkt
Benzin	< − 20 °C	0,72–0,75 g/cm^3	+ 60–215 °C
Dieselkraftstoff	> + 55 °C	0,82–0,84 g/cm^3	+ 150–390 °C
Ethylalkohol (Brennspiritus)	+ 11 °C	0,79 g/cm^3	+ 64,5 °C
Kerosin	> + 38 °C	0,77–0,84 g/cm^3	+ 150–300 °C
Methanol	+ 11 °C	0,79 g/cm^3	+ 64,7 °C
Aceton	− 18 °C	0,79 g/cm^3	+ 55,8 °C
Acrylnitril	− 5 °C	0,80 g/cm^3	+ 78 °C

2.1.6 Verhalten von selbstentzündlichen Stoffen

Bereits bei Raumtemperatur reagieren manche Stoffe schnell mit dem Sauerstoff in der Luft und entzünden sich von selbst. Man bezeichnet diese Stoffe auch als pyrophor.

Zündenergie ist die erforderliche Energie, die benötigt wird, um einen Stoff zur Entzündung zu bringen und zwar abhängig vom Sauerstoffanteil, von der Temperatur des Stoffes, der entzündet werden soll, und von der Zeitdauer, mit der die Zündquelle auf den Stoff einwirkt.

Selbstentzündungstemperatur ist die Temperatur, bei der sich ein Stoff unter Standardbedingungen von selbst entzündet. Sobald die Selbstentzündungstemperatur erreicht ist, erfolgt die Entzündung. Generell neigen viele Stoffe, insbesondere Kohlenwasserstoffe, in Gegenwart von reinem Sauerstoff zur Selbstentzündung. Armaturen von Sauerstoffflaschen müssen deshalb öl- und fettfrei sein.

Manche Metalle neigen in **feiner Verteilung** zur Selbstentzündung. Beispiel: Elementares Eisen in fein verteilter Form verbindet sich an Luft unter Feuererscheinung wieder zum Oxid; es wird deshalb „pyrophores Eisen" (= feuertragendes Eisen) genannt.

Andere Metalle reagieren bei **Benetzung mit Wasser** oder wenn sie mit **sauerstoffabgebenden Chemikalien** in Berührung kommen. Natrium oder Kalium müssen deshalb unter Paraffinöl – einer sauerstofffreien Flüssigkeit – aufbewahrt werden.

2 Eigenschaften von Gefahrstoffen

Weißer Phosphor hat eine Entzündungstemperatur von 50 °C. Da er sich in einer stark exothermen Reaktion mit Sauerstoff verbindet, erreicht Weißer Phosphor an der Luft diese Temperatur sehr schnell. Er ist deshalb ein „selbstentzündlicher Stoff" und muss stets unter Wasser aufbewahrt werden.

Lithium – in metallischer Form – in flüssigem Zustand und als Metallstaub entzündet sich bei Normaltemperatur von selbst. Frisches Magnesiumpulver erwärmt sich an der Luft bis zur Selbstentzündung. Man nennt solche Stoffe „selbsterhitzungsfähige Stoffe", da sie eine gewisse Zeit benötigen, um ihre Selbstentzündungstemperatur zu erreichen.

Bei zusätzlicher Wärmeentwicklung wird die auslösende Reaktion weiter beschleunigt und die Gefahr der Selbstentzündung noch verstärkt.

> **Merke:**
> Die Feuergefährlichkeit eines Feststoffes hängt in erster Linie von seiner Entzündungstemperatur ab.
> Wärmestau oder Wärmezufuhr führen zu einer Temperaturerhöhung und damit bei Kontakt mit Luft/Sauerstoff zur Selbstentzündung

2.1.7 Verbrennung – Oxidation

Voraussetzung für eine Verbrennung ist, dass drei wesentliche Dinge gleichzeitig vorhanden sind:

1. Der Stoff muss in einem **entzündbaren Zustand** vorliegen, z. B. als Gas oder Dampf einer brennbaren Flüssigkeit.

2. Die **Zündenergie** muss ausreichend sein. Bei festen Stoffen entscheidet die Oberflächenbeschaffenheit des Stoffes über die erforderliche Zündenergie. Zum Beispiel benötigen Holzwolle oder Stahlwolle zur Entzündung eine weitaus geringere Zündenergie als Holz bzw. Stahl.

3. Der **Sauerstoffanteil** muss ausreichend sein. Die Erdatmosphäre enthält 21 %. Eine Erhöhung des Sauerstoffanteils in der Atmosphäre um 4 % auf 25 % würde jeden Oxidationsvorgang (Verbrennung) um das 3-fache beschleunigen. Deshalb besondere Achtung bei oxidierend wirkenden Stoffen, da diese mehr Sauerstoff als die Atmosphäre abgeben oder abgeben können. Bis 14 % Sauerstoffanteil können noch Oxidationen stattfinden. Jedoch würde bei diesem geringen Anteil das Feuer einer Kerze erlöschen (= Oxidation ohne Licht- und Wärmeerscheinung). Je nach brennbarem Stoff wird unterschiedlich viel Sauerstoff benötigt. Das Verhältnis von brennbarem Stoff und Sauerstoff muss also geeignet sein. Beispiel: 1 Liter Benzin benötigt ca. 10–12 m^3 Luft (siehe dazu auch Kapitel 2.5.1 Explosionsbereich).

Besonders gefährlich sind Staubexplosionen. Fast jeder Staub kann aufgewirbelt in der Luft mit einer Zündquelle explodieren, z. B. Mehlstaubexplosionen. Staubablagerungen können in Unternehmen an den Arbeitsplätzen, auf, hinter oder unter Maschinen sowie in Lagerräumen eine erhebliche Gefahr darstellen.

Bei der elektrostatischen Entladung entstehen Funken durch Ladungsdifferenzen. Ursache hierfür sind meistens Aufladungen durch Reibung von Stoffen untereinander, die nicht oder schlecht leitend sind. Beispiele hierfür sind künstliche Chemiefasern wie Polyacryl oder Kunststoffe, PVC, Flüssigkeiten aus dem Mineralölbereich oder Flüssiggas (Propan, Butan). Beim Umfüllen von schlecht leitenden Stoffen ist unbedingt zum Potenzialausgleich vorher die Erdung anzuschließen.

Eigenschaften von Gefahrstoffen 2

Erst beim Kontakt oder der Annäherung an einen geerdeten Gegenstand erfolgt die unkontrollierte Entladung, die als Energie eine Zündquelle darstellen kann.

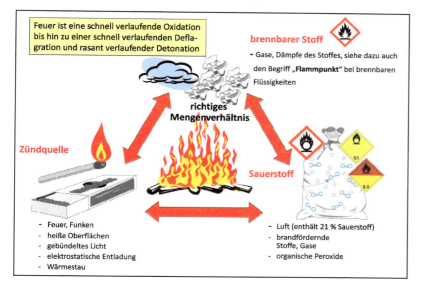

Abbildung 4: Voraussetzungen für einen Brand – „Verbrennungsdreieck"

2.1.8 Dichte – Gewicht von Dämpfen und Gasen

Viele Gase sowie die Gase und Dämpfe von den meisten brennbaren Flüssigkeiten (Lösungsmittel, Klebstoffe, Kraftstoffe) sind schwerer als Luft und fließen beim Freiwerden in tiefer gelegene Räume. Gase, die schwerer als Luft sind, dürfen nicht im Keller oder unter Erdgleiche gelagert werden. Vor allem brennbare Gase, z. B. Propan oder Butan, oder Gase, die eine sauerstoffverdrängende und somit erstickende Wirkung haben, z. B. Kohlendioxid (CO_2), Stickstoff oder Edelgase (Helium, Argon, Xenon usw.), sind hier besonders gefährlich.

> **Achtung vor:**
> ▶ Brand-/Explosionsgefahr beim Freiwerden brennbarer Gase und Vorhandensein einer Zündquelle sowie vor
> ▶ Erstickungsgefahr ohne bemerkbare Anzeichen/Warnsignale

Inerte Gase, wie Stickstoff, Kohlendioxid, Argon oder Helium, sind geruch-, farb- und geschmacklos und sind daher von Natur aus heimtückisch, weil sie keine Warnungen über ihre Anwesenheit und die lebensgefährliche Veränderung der lokalen Atmosphäre geben. Für Personen, die sich dessen nicht bewusst sind, tritt die Erstickung durch inerte Gase ohne jegliches spürbare Signal ein. Dieses kann sehr schnell passieren: es reichen wenige Sekunden sehr geringer Sauerstoffkonzentration. Man merkt nicht, „dass man wegtritt". Bei längerem Aufenthalt in sauerstoffreduzierter Atmosphäre können folgende Erstickungssymptome auftreten:

▶ starkes Atmen und Kurzatmigkeit,

▶ starke Ermüdung,

▶ Übelkeit und Erbrechen.

2 Eigenschaften von Gefahrstoffen

Tabelle 3: Sauerstoff-Gehalt – Auswirkungen

Sauerstoffanteil	Auswirkungen
21 %	Konzentration in normaler Atmosphäre
< 17 %	Beginnende Gefahren durch Sauerstoffmangel
11–14 %	Verminderung der psychischen und geistigen Leistungsfähigkeit. Durch den Betroffenen selbst nicht erkennbar. Kerzenlicht erlischt bei ca. 14 %.
6–8 %	Bewusstlosigkeit tritt nach wenigen Minuten ein. Bei sofortiger Einleitung von Maßnahmen ist eine Wiederbelebung möglich
< 6 %	Sofortige Bewusstlosigkeit – relativ schneller Tod

2.2 Gefahren für den Menschen

2.2.1 Verhalten von giftigen Stoffen

> **Merke:**
> Die schädliche Wirkung eines Gefahrstoffes auf den Menschen wird erheblich bestimmt durch die Einnahme-/Kontakt**zeit** und durch die Einnahme-/Kontakt**menge**.

▶ Giftstoffe können eine verzögerte Wirkung haben. Es können erst nach Stunden oder Tagen die ersten Vergiftungsanzeichen auftreten.

▶ Gefahrstoffe können auch erst langfristig Schäden verursachen, z. B. Krebs erzeugen, bestimmte Organe schädigen, die Fruchtbarkeit beeinträchtigen oder genetische Defekte verursachen.

▶ Je nach Partikelgröße werden Feststoffe vom Menschen inhaliert oder abgeschieden: Die Abscheidegrenzen sind wie folgt:
– Partikel > 25 μm im Nasen- und Rachenraum,
– Partikel < 25 μm bis ca. 10 μm in der Luftröhre und den Bronchien,
– Partikel < ca. 10 μm in der Lunge (alveolengängig),

Gase/Dämpfe gehen ungehindert in die Lunge (alveolengängig).

▶ Für das Arbeiten mit Gefahrstoffen werden in der Technischen Regel für Gefahrstoffe (TRGS) 900 maximale Arbeitsplatzgrenzwerte festgelegt, die nicht überschritten werden dürfen. Bei Überschreitung dieser Werte an der Luft am Arbeitsplatz sind Schutzmaßnahmen erforderlich.
– Die Einhaltung der Werte ist durch Messung zu gewährleisten
– Als Schutzmaßnahmen sind in erster Linie der Einsatz von weniger gefährlichen Stoffen oder technische Schutzmaßnahmen anzustreben.
– Liegt für den Stoff kein verbindlicher Grenzwert nach der TRGS 900 vor, so hat der Arbeitgeber nach der TRGS 402 „Ermitteln und Beurteilen der Gefährdungen bei Tätigkeiten mit Gefahrstoffen: Inhalative Exposition" andere Beurteilungsmaßstäbe heranzuziehen. Beispiel: Holzstaub wird nicht in der TRGS 900 aufgeführt; die TRGS 553 nennt jedoch einen Luftgrenzwert von 2 mg/m^3.

2.2.2 Verhalten von ätzenden/reizenden Stoffen

Ätzende Stoffe greifen lebendes Gewebe oder bestimmte Oberflächen (Stoffe) an. Diese Stoffe können fest, flüssig oder gasförmig sein. Zu den ätzenden Stoffen gehören Säuren und Laugen (Basen). Die ätzende Wirkung wird auch durch den pH-Wert dargestellt.

Tabelle 4: Beispielstoffe mit pH-Wert

Stoff	pH-Wert		
Batteriesäure (Schwefelsäure 28%)	< 1,0	stark hautätzend	
Coca Cola	ca. 2,5		
Wein	ca. 4,0	hautreizend	
Bier	ca. 5,0		
Milch	ca. 6,5	neutral	Säuren (pH < 7)
Wasser (je nach Härtegrad)	ca. 6,5–8,5		Basen (pH > 7–14)
Seifenlauge	ca. 9–10	hautreizend	
Bleichmittel	ca. 12,5		
Natronlauge	ca. 13,5–14	stark hautätzend	

▶ Die Wirkung von Säuren oder Laugen auf Gewebe und Stoffe ist ziemlich identisch. Jedoch heben sich Säuren und Laugen gegenseitig auf (Neutralisation). Beispiel: Salzsäure (HCl) mit Natronlauge (2 NaOH) bildet Salz (NaCl) und Wasser (H_2O).

▶ Stark ätzende Stoffe sind Stoffe, die bei Kontakt mit der Haut innerhalb von 3 Minuten das Hautgewebe zerstören können. Ätzende Stoffe sind Stoffe, die bei Kontakt mit der Haut innerhalb von 4 Stunden das Hautgewebe zerstören können.

▶ Ätzende Gase zerstören die Atmungsorgane und Atmungswege (Rachen, Lunge).

▶ Flüssige ätzende Stoffe reagieren relativ schnell auf der Haut oder der Kleidung. Feste ätzende Stoffe reagieren dagegen langsam auf der Haut und erst bei Kontakt mit Luftfeuchtigkeit, Wasser oder Schweiß.

▶ Kleidung aus organischen Stoffen (Baumwolle) wird von ätzenden Stoffen angegriffen. Dies gilt auch für Metalle (Stahl, Aluminium, Magnesium usw.).

▶ Kunststoffe, Glas, Keramik, Gummi sind gegen ätzende Stoffe resistent. Eine Ausnahme bildet hier die hochgefährliche Flusssäure, die auch Glas angreift.

▶ Die meisten bekannten Säuren und Laugen sind anorganisch und nicht brennbar. Einige organische Säuren sind auch brennbar, z. B. Isobuttersäure oder Dipropylamin.

2.3 Gefahren für die Umwelt

Die Wirkungen auf die Umwelt können sehr vielfältig sein:

▶ Luftverunreinigungen,

▶ Bodenverunreinigungen,

▶ Wasserverunreinigungen,

▶ schädliche Wirkungen auf die Pflanzen- und Tierwelt.

2 Eigenschaften von Gefahrstoffen

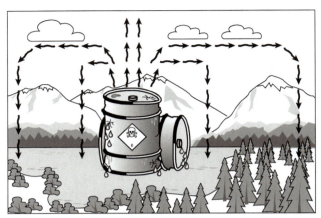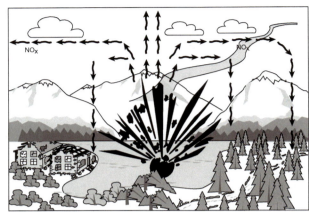

Abbildung 5: Umweltgefährdung durch Gefahrstoffe

Zum **Schutz der ökologischen Lebensgrundlagen** sind sehr viele Gesetze und Verordnungen erlassen worden, die ständig den neuen Erkenntnissen angepasst werden. Ein Teil davon betrifft auch den sicheren Umgang mit gefährlichen Stoffen. Viele gefährliche Stoffe bergen gleichzeitig mehrere **Gefahren für die Umwelt** in sich. So können z. B. aus Stoffen mit wassergefährdenden Eigenschaften bei einem Unfall mit Feuer gleichzeitig giftige Gase entstehen, die dann in die Atmosphäre gelangen.

▶ Leichtflüchtige Flüssigkeiten, wie Benzin, Benzol oder Nitroverdünnung, und auch andere giftige Flüssigkeiten müssen in geschlossenen Behältern aufbewahrt und transportiert werden, damit die Dämpfe nicht an die Außenluft gelangen. Daraus folgt, dass z. B. Benzin im geschlossenen System umzufüllen ist.

▶ Beschädigte oder undichte Verpackungen und sonstige Gefahrgutumschließungen dürfen generell nicht zur Beförderung gefährlicher Güter verwendet und nicht gelagert werden.

▶ Umweltgefährdende Stoffe dürfen nicht in das Erdreich, in ein Gewässer oder in die Kanalisation gelangen **(1 Liter Dieselöl verunreinigt 1 000 000 Liter Trinkwasser)**!

▶ Wassergefährdende Stoffe dürfen in Wasserschutzgebieten nicht gelagert oder umgeschlagen werden.

Viele Gefahrstoffe weisen wassergefährdende Eigenschaften auf, so z. B. Mineralölprodukte, Säuren und Laugen oder giftige Stoffe (auch giftige Gase). Nach der Verordnung über Anlagen zum Umgang mit wassergefährdenden Stoffen (AwSV) werden solche Stoffe einer Wassergefährdungsklasse (WGK) zugeordnet:

WGK 1 = schwach wassergefährdend

WGK 2 = deutlich wassergefährdend

WGK 3 = stark wassergefährdend

Zu beachten ist: Wassergefährdende Stoffe nach dem Wasserrecht können auch Stoffe sein, die keine Gefahrstoffe sind.

2.4 Verhaltensregeln beim Umgang mit Gefahrstoffen

1. **Anweisungen beachten**
   ▶ Lesen und beachten Sie die Betriebsanweisungen des Arbeitsgebers
   ▶ Halten Sie die Anweisungen der Vorgesetzten ein

Eigenschaften von Gefahrstoffen 2

2. **Besorgen Sie sich nach Möglichkeit zusätzliche Informationen über den Gefahrstoff**
   ▶ Befragen Sie Vorgesetzte/Verantwortliche
   ▶ Lesen Sie die Sicherheitsdatenblätter
   ▶ Beschaffen Sie sich Informationen über andere Informationsquellen, z. B. Regeln der Berufsgenossenschaften und der Unfallversicherungsträger (DGUV Regel ... bzw. früher BGR ...) oder Informationen (DGUV Information ... bzw. früher BGI ...)
3. **Zugelassene Arbeitsmittel**
   ▶ Verwenden Sie nur die für diese Tätigkeiten zugelassenen Arbeitsmittel
   ▶ Verwenden Sie Persönliche Schutzausrüstung
4. **Verhalten bei Unregelmäßigkeiten**
   ▶ Stellen Sie die Arbeiten bei Unregelmäßigkeiten ein
   ▶ Informieren Sie Ihren Vorgesetzten
   ▶ Machen Sie Arbeitsmittel oder Arbeitsplatz für andere kenntlich und sperren sie den betroffenen Bereich ab.

2.5 Explosionsschutz

Definitionen

Ein **normales Feuer** ist eine schnell verlaufende Oxidation mit Licht- und Wärmeerscheinung, jedoch ohne Explosion und mit normal verlaufender Abbrandgeschwindigkeit (Verbrennungsgeschwindigkeit bis max. 30 m/s).

Eine **Explosion** ist eine rasant verlaufende Oxidation mit Licht- und Wärmeerscheinung sowie Druckwirkung und eventuell auch Splitterwirkung. Hier wird unterschieden zwischen einer Deflagration und einer Detonation.

Die **Deflagration** hat eine Verbrennungsgeschwindigkeit von 30–330 m/s ohne Druckaufbau oder nur geringem Druck und eine schnelle Abbrandgeschwindigkeit.

Die **Detonation** hat eine Verbrennungsgeschwindigkeit über der Schallgeschwindigkeit > 330 m/s mit erheblichem Druckaufbau und evtl. auch Splitterwirkung durch zerberstende Teile.

Eine **Verpuffung** ist eine Verbrennungsreaktion mit Volumenerweiterung, aber ohne relevanten Druckaufbau.

2.5.1 Explosionsbereich

Gemische aus brennbaren Gasen, Dämpfen oder Stäuben mit der Atmosphäre sind bei bestimmten Mischungsverhältnissen explosionsfähig. Der Bereich, der alle explosiven Mischungsverhältnisse zusammenfasst, wird von zwei **Explosionsgrenzen**, der oberen und der unteren Explosionsgrenze (**OEG** bzw. **UEG**), beschrieben. Diese Grenzen werden auch als Zündgrenzen bezeichnet. Gefährlich wird der Explosionsbereich immer dann, wenn diese brennbaren Stoffe unkontrolliert freigesetzt werden.

Beispiel: In einem 200-Liter-Fass mit 2 cl (Schnapsglas) Benzin liegt ein optimales Gas-Luftgemisch vor. Benzin verdampft und bildet mit Luft ein hochexplosives Gemisch. Die Dämpfe sind schwerer als Luft und bleiben auch in einem offenen Fass darin enthalten.

2 Eigenschaften von Gefahrstoffen

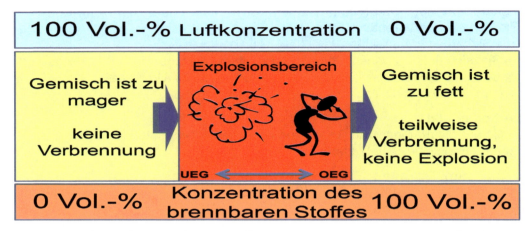

Abbildung 6: Explosionsgefahr durch Mischung von Luft und brennbaren Stoffen

Tabelle 5: Beispiele zur unteren und oberen Explosionsgrenze von Stoffen

Stoffbeispiele	UEG (Vol.-%)	OEG (Vol.-%)
Benzin	1,2	8
Ethylalkohol (Brennspiritus)	3,5	15
Aceton	2,3	13
Acetylen (Gas)	1,5	82
Petroleum	0,7	4,0
Wasserstoff (Gas)	4	75
Propan (Gas)	2,1	9,5
Für Stäube ca. 200 g–8 kg aufgewirbelt in 1 m³ Luft		

Merke:
Je größer der Explosionsbereich eines Stoffes ist, desto gefährlicher ist dieser Stoff, z. B. Acetylen (Gas) mit 1,5–82 Vol.-%.

2.5.2 Zündgefahren/Zündquellen

Auf folgende Zündgefahren und Zündquellen ist zu achten:

1. **Heiße Oberflächen**, verursacht durch
   - Reibung und Reibungsenergie von bewegten Teilen
   - Freisetzung von Wärmeenergie durch Arbeitsprozesse oder chemische Reaktionen
   - Lagerschäden, überlastete Getriebe
   - Erwärmung über Anbaugeräte
   - Bremswärme, Wärmeenergie

2. Elektrostatische **Aufladung/Entladung** durch
   - isolierte leitfähige Flüssigkeiten
   - aufladbare Flüssigkeiten (z. B. Benzin, Lösungsmittel, brennbare Gase) beim Fließen durch Leitungen oder Reibungsbewegung in Behältern und Kontakt mit leitenden Gegenständen

Eigenschaften von Gefahrstoffen

- Lager mit Kunststoffen
- Dichtungen
- isolierte leitfähige Bauteile
- äußere Gehäuseteile aus Kunststoff
- Antriebsriemen und Förderbänder

3. **Mechanisch erzeugte Funken** durch
   - Bauteilbruch
   - schleifende Berührung über bewegte Teile
   - Lagerschaden
   - fehlerhafte Werkstoffe, Korrosion
   - Vibrationen, Eigenfrequenzen
   - Trockenlauf von dynamischen Dichtungen
   - Eindringen von Fremdkörpern

4. **Weitere Zündquellen**
   - elektrische Anlagen, elektrische Energie, Kurzschluss
   - Flammen, Glut und heiße Gase
   - Blitzschlag
   - optische Strahlung, Sonneneinstrahlung (Lupenwirkung von Glas)
   - Elektromagnetische Felder (Hochfrequenz)
   - Elektromagnetische Strahlung
   - Ultraschall
   - chemische Reaktionen
   - exotherme Reaktionen

Die Vorgehensweise zur Ermittlung des Explosionsschutzes wird in der TRGS 720 geregelt.

2.5.3 Arbeitsschutz für explosionsgefährdete Bereiche

Nach § 11 und Anhang I Nr. 1 der Gefahrstoffverordnung hat der Arbeitgeber Bereiche, in denen eine explosionsfähige Atmosphäre vorhanden ist oder entstehen kann, durch die Gefährdungsbeurteilung zu bewerten, entsprechende Schutzmaßnahmen einzuleiten und wenn erforderlich die Bereiche in Zonen einzuteilen. Diese Einteilung erfolgt nach den Vorgaben aus Anhang I Nr. 1.7 der Gefahrstoffverordnung.

Tabelle 6: **Zoneneinteilung explosionsgefährdeter Bereiche**

Zone	Erläuterungen
Zone 0 Zone 20	Bereiche, in denen eine gefährliche explosionsfähige Atmosphäre, die aus einem Gemisch von brennbaren Gasen, Dämpfen oder Nebeln (Zone 0) und brennbaren Stäuben (Zone 20) mit Luft besteht, ständig, über lange Zeiträume oder häufig vorhanden ist.
Zone 1 Zone 21	Bereiche, in denen sich im Normalbetrieb gelegentlich eine gefährliche explosionsfähige Atmosphäre bilden kann, die aus einem Gemisch von brennbaren Gasen, Dämpfen oder Nebeln (Zone 1) und brennbaren Stäuben (Zone 21) mit Luft besteht.
Zone 2 Zone 22	Bereiche, in denen im Normalbetrieb eine gefährliche explosionsfähige Atmosphäre, die aus einem Gemisch von brennbaren Gasen, Dämpfen oder Nebeln (Zone 2) und aufgewirbelten brennbaren Stäuben (Zone 22) mit Luft besteht, in der Regel nicht auftritt. Ein Auftreten geschieht allenfalls nur selten und für kurze Zeit.

2 Eigenschaften von Gefahrstoffen

Die Zoneneinteilung ist durch ein schriftliches Explosionsschutzdokument zu dokumentieren und regelmäßig zu überprüfen und auf dem letzten Stand zu halten. Das Explosionsschutzdokument muss vor Aufnahme der Arbeit erstellt werden.

Aus diesem Dokument muss insbesondere hervorgehen,

▶ wie bewertet wurde und welche Schutzmaßnahmen erforderlich sind,

▶ welche Bereiche in welche Zonen eingeteilt wurden und

▶ welche Arbeitsmittel in welchen Zonen verwendet werden dürfen.

Im Anhang I Nr. 1.1 bis 1.6 der Gefahrstoffverordnung werden die Mindestvorschriften für das Arbeiten in explosionsgefährdeten Bereichen festgelegt.

> **Hinweis:**
> Die Betriebssicherheitsverordnung (BetrSichV) wurde 2015 überarbeitet und neu in Kraft gesetzt. Die Neuregelungen traten am 1.6.2015 in Kraft.
> Die bisherigen Regelungen zum Explosionsschutz aus der BetrSichV wurden in die Gefahrstoffverordnung übertragen.

In einigen Technischen Regeln für Gefahrstoffe (TRGS) werden Explosionsschutzbestimmungen konkretisiert:

▶ TRGS 720, Gefährliche explosionsfähige Atmosphäre – Allgemeines

▶ TRGS 721, Gefährliche explosionsfähige Atmosphäre – Beurteilung der Explosionsgefährdungen

▶ TRGS 722, Vermeidung oder Einschränkung gefährlicher explosionsfähiger Atmosphäre

In explosionsgefährdeten Bereichen sind folgende **organisatorische Maßnahmen zum Schutz der Beschäftigten** gefordert:

▶ Die Beschäftigten müssen eine Unterweisung erhalten.

▶ Eine entsprechende Betriebsanweisung (schriftliche Anweisung) muss vorhanden sein.

▶ Bei gefährlichen Tätigkeiten und anderen Arbeiten, die durch Wechselwirkungen gefährlich werden könnten, ist ein Arbeitsfreigabesystem durch eine hierfür verantwortliche Person notwendig.

▶ Die Beschäftigten erhalten während ihrer Anwesenheit in explosionsgefährdeten Bereichen eine angemessene Aufsicht.

▶ Die explosionsgefährdeten Bereiche sind an ihren Zugängen gekennzeichnet mit:

(Begriffe für explosionsfähige Atmosphären siehe Anhang 4)

▶ Optische und/oder akustische Warnungen bei Erreichen von explosionsfähiger Atmosphäre sind gegebenenfalls eingerichtet.

▶ Gekennzeichnete Flucht- und Rettungswege sind gekennzeichnet, um bei Gefahr schnell den Bereich verlassen zu können.

Eigenschaften von Gefahrstoffen 2

Abbildung 7: Kennzeichnung des Zugangs zu einem explosionsgefährdeten Raum (hier noch mit alter Sicherheitskennzeichnung)

Für die technische Sicherheit der einzelnen Bauteile einer Anlage/Maschine oder eines Arbeitsmittels ist der Arbeitgeber verantwortlich.

Die verwendeten Geräte und Arbeitsmittel (Werkzeug, Beleuchtungsgeräte usw.) müssen der Richtlinie 2014/34/EU bzw. der 11. Explosionsschutzprodukteverordnung (11. ProdSV) entsprechen.

Tabelle 7: Anforderungen an die Gerätekategorien

Zonen	Gerätekategorie	Anforderungen
0 20	II 1 G II 1 D	Sicherheit muss auch bei selten auftretenden Gerätestörungen gewährleistet sein.
1 21	II 2 G II 2 D	Sicherheit muss selbst bei häufig auftretenden Gerätestörungen bzw. üblicherweise zu erwartenden Fehlerzuständen gewährleistet sein.
2 22	II 3 G II 3 D	Arbeitsmittel darf bei Normalbetrieb nicht als Zündquelle wirken.
II = Geräte, Arbeitsmittel für Übertageanlagen. Weitere Unterteilung in Kategorie 1, 2 und 3 (I = Untertageanlagen, Bergbau und Unterteilung in Kategorie M1 und M2). G = für Gase, Dämpfe D = für Stäube			

Abbildung 8 zeigt exemplarisch die Kennzeichnung und Zulassungsangaben von Arbeitsmitteln und Geräten für den Einsatz in explosionsgefährdeten Bereichen.

1 = CE-Konformitätszeichen
2 = Kennnummer der Stelle zur Überwachung des QS-Systems
3 = EX-Schutz-Zeichen
4 = Gerätegruppe (hier II = Übertage)
5 = Zonenzulassung (2 = Zone 1 und 2 zugelassen)
6 = für Gase/Dämpfe zugelassen
7 = weitere Angaben über Zündschutzart, Explosionsbereich, Temperaturklasse usw.

Abbildung 8: Prinzip der Kennzeichnung und Zulassung von Arbeitsmitteln und Geräten

Elektrische Betriebsmittel werden nach ihrer maximalen Oberflächentemperatur in Temperaturklassen eingeteilt.

2 Eigenschaften von Gefahrstoffen

Tabelle 8: Einteilung in Temperaturklassen

Temperaturklassen	Zündtemperaturbereich der Gemische	Zulässige Oberflächentemperatur der elektrischen Betriebsmittel
T1	> 450 °C	450 °C
T2	> 300 ... < 450 °C	300 °C
T3	> 200 ... < 300 °C	200 °C
T4	> 135 ... < 200 °C	135 °C
T5	> 100 ... < 135 °C	100 °C
T6	> 85 ... < 100 °C	85 °C

3 Kennzeichnung von Gefahrstoffen nach CLP-Verordnung

3.1 Kennzeichnungssystem der CLP-Verordnung

Die Verordnung (EG) Nr. 1272/2008 des Europäischen Parlaments und des Rates über die Einstufung, Kennzeichnung und Verpackung von Stoffen und Gemischen, genannt CLP-Verordnung, unterteilt die Gefahrstoffe nach Gefahrenklassen oder Gefahreneigenschaften. Es gibt

- 16 physikalische Gefahrenklassen (siehe Kapitel 3.1.1)
- 10 Gesundheitsgefahrenklassen (siehe Kapitel 3.1.2)
- 1 Umweltgefahrenklasse (siehe Kapitel 3.1.3) und
- 1 ozonschichtschädigende Gefahrenklasse (siehe Kapitel 3.1.3)

Die Gefahrstoffverordnung verweist in ihrem § 3 auf diese Gefahrenklassen. Damit definiert sie Stoffe, Gemische und Erzeugnisse, die einer oder mehrerer dieser Gefahrenklassen zugeordnet werden können, als Gefahrstoff.

Innerhalb der Klassen wird weiter nach Unterklassen, Typen oder Gefahrenkategorien unterschieden.

Piktogramme auf den Behältnissen weisen auf die Art der Gefährdung hin. Genauer beschrieben wird die Gefährdung durch die angegebenen Gefahrenhinweise, die sogenannten H-Sätze (H für Hazard = Gefährdung).

Über das Signalwort „GEFAHR" oder „ACHTUNG" wird auch noch auf einen einfachen Weg auf den Grad der Gefährlichkeit hingewiesen.

Die 16 physikalischen Gefahrenklassen/Eigenschaften sind mit den Gefahrgutbeförderungsvorschriften identisch und werden nach Gefahrgutrecht weltweit mit den dargestellten Labels (Gefahrzettel) gekennzeichnet.

3 Kennzeichnung von Gefahrstoffen nach CLP-VO

3.1.1 Physikalische Gefahren und Kategorien

CLP-Verordnung				Label bei Gefahrgut
Gefahrenhinweis (H-)		**Piktogramm**	**Signalwort**	
Explosive Stoffe/Gemische und Erzeugnisse mit Explosivstoff				
H200	Instabil, explosiv	(Explosionspiktogramm)	GEFAHR	*nicht zur Beförderung zugelassen*
H201	Explosiv. Gefahr der Massenexplosion	(Explosionspiktogramm)	GEFAHR	1.4
H202	Explosiv. Große Gefahr durch Splitter, Spreng- und Wurfstücke. Nicht massenexplosionsfähig			
H203	Explosiv. Gefahr durch Feuer, Luftdruck oder Splitter, Spreng- und Wurfstücke bzw. durch beides. Nicht massenexplosionsfähig			
H204	Gefahr durch Feuer oder Splitter, Spreng- und Wurfstücke. Nicht massenexplosionsfähig	(Explosionspiktogramm)	ACHTUNG	1.4
H205	Gefahr der Massenexplosion bei Feuer	*ohne*	GEFAHR	1.5
Kein Gefahrenhinweis. Extrem unempfindliche Erzeugnisse, die nicht massenexplosionsfähig sind.		*ohne*	*ohne*	1.6
Gase unter Druck				
H280	Enthält Gas unter Druck; kann bei Erwärmung explodieren (für verdichtetes, verflüssigtes oder gelöstes Gas, nicht brennbar und nicht giftig)	(Gasflaschen-Piktogramm)	ACHTUNG	2
H281	Enthält tiefgekühlt verflüssigtes Gas. Kann Kälteverbrennungen oder -verletzungen verursachen			

Kennzeichnung von Gefahrstoffen nach CLP-VO 3

Gefahrenhinweis (H-)	CLP-Verordnung	Piktogramm	Signalwort	Label bei Gefahrgut
Entzündbare Gase (einschließlich chemisch instabile Gase)				
H220	Extrem entzündbares Gas (Kategorie 1)	Flamme	GEFAHR	Flamme rot, 2
H221	Entzündbares Gas (Kategorie 2)			ACHTUNG	
Chemisch instabile Gase (diese Beschreibung tritt nicht alleine auf)				
H230	Kann auch in Abwesenheit von Luft explosionsartig reagieren (Kategorie A)	kein zusätzliches	kein zusätzliches	Gasflasche grün, 2
H231	Kann auch in Abwesenheit von Luft bei erhöhtem Druck und/oder erhöhter Temperatur explosionsartig reagieren (Kategorie B)			
Oxidierende Gase				
H270	Kann Brand verursachen oder verstärken; Oxidationsmittel (Kategorie 1)	Flamme über Kreis; Gasflasche 1)	GEFAHR	Oxidationsmittel gelb 5.1; Gasflasche grün 2
Akut toxische (giftige) Gase				
H330	Lebensgefahr beim Einatmen (Kategorien 1 und 2)	Totenkopf	GEFAHR	Totenkopf, 2
H331	Giftig beim Einatmen (Kategorie 3)		ACHTUNG	
Druckgaspackungen (Aerosole)				
H222 + H229	Extrem entzündbares Aerosol. Behälter steht unter Druck: Kann bei Erwärmung bersten (Kategorie 1)	Flamme	GEFAHR	Flamme rot, 2
H223 + H229	Entzündbares Aerosol. Behälter steht unter Druck: Kann bei Erwärmung bersten (Kategorie 2)		ACHTUNG	
H229	Behälter steht unter Druck: Kann bei Erwärmung bersten (Kategorie 3) (für nicht entzündbares Aerosol)	ohne	ACHTUNG	Gasflasche grün, 2

1) Piktogramm Gasflasche seit 1.12.2012 nicht mehr verpflichtend

3 Kennzeichnung von Gefahrstoffen nach CLP-VO

CLP-Verordnung				Label bei Gefahrgut
Gefahrenhinweis (H-)		Piktogramm	Signalwort	
Entzündbare Flüssigkeiten				
H224	Flüssigkeit und Dampf extrem entzündbar (Kategorie 1) (Flammpunkt < + 23 °C und Siedepunkt < 35 °C)	Flamme	GEFAHR	Flamme 3
H225	Flüssigkeit und Dampf leicht entzündbar (Kategorie 2) (Flammpunkt < + 23 °C und Siedepunkt > 35 °C)			
H226	Flüssigkeit und Dampf entzündbar (Kategorie 3) (Flammpunkt > + 23 °C bis + 60 °C)		ACHTUNG	
Entzündbare Feststoffe				
H228	Entzündbarer Feststoff (leicht entzündbar bzw. entzündbar)	Flamme	GEFAHR bzw. ACHTUNG	Flamme 4
Selbstzersetzliche Stoffe				
H240	Erwärmung kann Explosion verursachen (Kann in der Verpackung schnell detonieren oder deflagrieren)	Explodierende Bombe	GEFAHR	*nicht zur Beförderung zugelassen*
H241	Erwärmung kann Brand oder Explosion verursachen (Die Stoffe können in der Verpackung zur thermischen Explosion neigen)	Explodierende Bombe / Flamme	GEFAHR	Flamme 4 / Explodierende Bombe 1
H242	Erwärmung kann Brand verursachen (Stoffe, die explosive Eigenschaften haben, aber in der Verpackung nicht detonieren, schnell deflagrieren und unter Einschluss keine heftige Reaktion zeigen)	Flamme	GEFAHR	Flamme 4
	(Stoffe, die im Laborversuch nicht detonieren, nicht deflagrieren und nur eine geringe oder keine Wirkung bei Erhitzen zeigen)		ACHTUNG	

Kennzeichnung von Gefahrstoffen nach CLP-VO 3

CLP-Verordnung			Label bei Gefahrgut
Gefahrenhinweis (H-)		Piktogramm	Signalwort	
Pyrophore flüssige und pyrophore feste Stoffe			
H250	Entzündet sich in Berührung mit Luft von selbst	🔥	GEFAHR	🔥(4)
Selbsterhitzungsfähige Stoffe			
H251	Selbsterhitzungsfähig, kann in Brand geraten	🔥	GEFAHR	🔥(4)
H252	In großen Mengen selbsterhitzungsfähig, kann in Brand geraten		ACHTUNG	
Stoffe, die in Berührung mit Wasser entzündbare Gase entwickeln			
H260	In Berührung mit Wasser entstehen entzündbare Gase, die sich spontan entzünden können (Kategorie 1)	🔥	GEFAHR	🔥(4)
H261	In Berührung mit Wasser entstehen entzündbare Gase (Kategorie 2)			
	In Berührung mit Wasser entstehen entzündbare Gase (Kategorie 3)		ACHTUNG	
Oxidierend wirkende (brandfördernde) Stoffe (flüssig oder fest)			
H271	Kann Brand oder Explosion verursachen; starkes Oxidationsmittel (Kategorie 1)	🔥	GEFAHR	(5.1)
H272	Kann Brand verstärken; Oxidationsmittel (Kategorie 2)			
	Kann Brand verstärken; Oxidationsmittel (Kategorie 3)		ACHTUNG	
Organische Peroxide			
H240	Erwärmung kann Explosion verursachen (Stoffe, die in der Verpackung detonieren oder schnell deflagrieren können)	💥	GEFAHR	*nicht zur Beförderung zugelassen*
H241	Erwärmung kann Brand oder Explosion verursachen (Stoffe, die in der Verpackung zur thermischen Explosion neigen)	💥 🔥	GEFAHR	(5.2)

3 Kennzeichnung von Gefahrstoffen nach CLP-VO

CLP-Verordnung				Label bei Gefahrgut
Gefahrenhinweis (H-)		Piktogramm	Signalwort	
H242	Erwärmung kann Brand verursachen		GEFAHR	
	Stoffe, die explosive Eigenschaften haben, aber in der Verpackung nicht detonieren, schnell deflagrieren und unter Einschluss keine heftige Reaktion zeigen			
	Stoffe, die im Laborversuch nicht detonieren, nicht deflagrieren und nur eine geringe oder keine Wirkung bei Erhitzen zeigen		ACHTUNG	
Korrosiv gegenüber Metallen				
H290	Kann gegenüber Metallen korrosiv (ätzend) sein		ACHTUNG	

3.1.2 Gesundheitsgefahren und Kategorien

Giftige Stoffe werden aus Erfahrungswerten, aus Messwerten und/oder aus Tierversuchen nach folgender Wertetabelle eingestuft:

Tabelle 9: Wertetabelle für die akute Toxizität

Kategorie	Schätzwert akuter Toxizität (ATE)[1]				
	Oral [mg/kg]	Dermal [mg/kg]	Gase [ppmV][2]	Dämpfe [mg/l]	Stäube/Nebel [mg/l]
1	< 5	< 50	< 100	< 0,5	< 0,05
2	5– < 50	50– < 200	100– < 500	0,5– < 2,0	0,05– < 0,5
3	50– < 300	200– < 1000	500– < 2500	2,0– < 10,0	0,5– < 1,0
4	300– < 2000	1000– < 2000	2500– < 20 000	10,0– < 20,0	1,0– < 5,0

[1] Die akute Toxizität wird als LD_{50}-Wert (oral, dermal) oder LC_{50}-Wert (inhalativ) oder als Schätzwert (ATE) angegeben. Nach der CLP-Verordnung wird der ATE-Wert angegeben.
[2] ppmV = die Konzentration von Gasen in Teilen je Million und Volumen

CLP-Verordnung				Label bei Gefahrgut
Gefahrenhinweis (H-)		Piktogramm	Signalwort	
Stoffe mit akut toxischer (giftiger) Wirkung (oral, dermal, inhalativ)				
H300, H310, H330	Lebensgefahr beim Verschlucken, bei Hautkontakt oder beim Einatmen (Kategorien 1 und 2)		GEFAHR	
H301, H311, H331	Giftig beim Verschlucken, bei Hautkontakt oder beim Einatmen (Kategorie 3)			

Kennzeichnung von Gefahrstoffen nach CLP-VO

CLP-Verordnung			Label bei Gefahrgut
Gefahrenhinweis (H-)		Piktogramm / Signalwort	
H302, H312, H332	Gesundheitsschädlich beim Verschlucken, bei Hautkontakt oder beim Einatmen (Kategorie 4)	⚠ ACHTUNG	*kein Gefahrgut*
Stoffe mit ätzender oder reizender Wirkung auf die Haut			
H314	Verursacht schwere Verätzungen der Haut und schwere Augenschäden (Kategorien 1A, 1B und 1C)	🧪 GEFAHR	(Gefahrgut-Label 8)
H315	Verursacht Hautreizungen (Kategorie 2)	⚠ ACHTUNG	*kein Gefahrgut*
Stoffe mit augenschädigender oder augenreizender Wirkung			
H318	Verursacht schwere Augenschäden (Kategorie 1)	🧪 GEFAHR	*kein Gefahrgut*
H319	Verursacht schwere Augenreizungen (Kategorie 2)	⚠ ACHTUNG	*kein Gefahrgut*
Stoffe mit sensibilisierender Wirkung auf die Haut oder die Atemwege			
H334	Kann bei Einatmen Allergie, asthmaartige Symptome oder Atembeschwerden verursachen (Kategorien 1A und 1B)	☣ GEFAHR	*kein Gefahrgut*
H317	Kann allergische Hautreaktionen verursachen (Kategorien 1A und 1B)	⚠ ACHTUNG	*kein Gefahrgut*

3 Kennzeichnung von Gefahrstoffen nach CLP-VO

CLP-Verordnung				Label bei Gefahrgut
Gefahrenhinweis (H-)		Piktogramm	Signalwort	
Stoffe mit keimzellmutagener (erbgutverändernder) Wirkung				
H340	Kann genetische Defekte verursachen (Kategorien 1A und 1B)	☣	GEFAHR	kein Gefahrgut
H341	Kann vermutlich genetische Defekte verursachen (Kategorie 2)		ACHTUNG	
Stoffe mit karzinogener (krebserzeugender) Wirkung				
H350 und H350i	Kann Krebs erzeugen (Kategorien 1A und 1B) Kann bei Einatmen Krebs erzeugen	☣	GEFAHR	kein Gefahrgut
H351	Kann vermutlich Krebs erzeugen (Kategorie 2)		ACHTUNG	
Stoffe mit reproduktionstoxischer Wirkung				
H360 H360F H360D H360FD H360Fd H360Df	Kann die Fruchtbarkeit beeinträchtigen oder das Kind im Mutterleib schädigen (Kategorien 1A und 1B) – „**F**" = Kann die Fruchtbarkeit beeinträchtigen – „**D**" = Kann das Kind im Mutterleib schädigen – „**f**" = Kann vermutlich die Fruchtbarkeit beeinträchtigen – „**d**" = Kann vermutlich das Kind im Mutterleib schädigen	☣	GEFAHR	kein Gefahrgut
H361 H361f H361d H361fd	Kann vermutlich die Fruchtbarkeit beeinträchtigen oder das Kind im Mutterleib schädigen (Kategorie 2) („f" und „d" siehe bei H360)		ACHTUNG	
H362	Kann Säuglinge über die Muttermilch schädigen	ohne	ohne	kein Gefahrgut
Stoffe mit spezifischer Zielorgantoxizität (spezifischer Giftwirkung auf Organe) bei einmaliger Exposition				
H370	Schädigt die Organe (Kategorie 1)	☣	GEFAHR	kein Gefahrgut
H371	Kann die Organe schädigen (Kategorie 2)		ACHTUNG	
H335	Kann die Atemwege reizen (Kategorie 3)	❗	ACHTUNG	kein Gefahrgut
H336	Kann Schläfrigkeit und Benommenheit verursachen (Kategorie 3)			

Kennzeichnung von Gefahrstoffen nach CLP-VO

CLP-Verordnung				Label bei Gefahrgut
Gefahrenhinweis (H-)		Piktogramm	Signalwort	
Stoffe mit spezifischer Zielorgantoxizität (spezifischer Giftwirkung auf Organe) bei wiederholter Exposition				
H372	Schädigt die Organe bei wiederholter oder längerer Exposition (Kategorie 1)	☠	GEFAHR	*kein Gefahrgut*
H373	Kann die Organe bei wiederholter oder längerer Exposition schädigen (Kategorie 2)		ACHTUNG	
Stoffe mit Aspirationsgefahr				
H304	Kann bei Verschlucken und Eindringen in die Atemwege tödlich sein (Kategorie 1)	☠	GEFAHR	*kein Gefahrgut*

3.1.3 Umweltgefahren und Kategorien

CLP-Verordnung				Label bei Gefahrgut
Gefahrenhinweis (H-)		Piktogramm	Signalwort	
Stoffe mit akut gewässergefährdender Wirkung				
H400	Sehr giftig für Wasserorganismen (Kategorie 1)	🌲	ACHTUNG	🌲
Stoffe mit chronisch gewässergefährdender Wirkung				
H410	Sehr giftig für Wasserorganismen, mit langfristiger Wirkung (Kategorie 1)	🌲	ACHTUNG	🌲
H411	Giftig für Wasserorganismen, mit langfristiger Wirkung (Kategorie 2)		*ohne*	
H412	Schädlich für Wasserorganismen, mit langfristiger Wirkung (Kategorie 3)	*ohne*	*ohne*	*kein Gefahrgut*
H413	Kann für Wasserorganismen schädlich sein, mit langfristiger Wirkung (Kategorie 4)			
Stoffe mit ozonschichtschädigender Wirkung				
H420	Schädigt die öffentliche Gesundheit und die Umwelt durch Ozonabbau in der äußeren Atmosphäre	❗	ACHTUNG	*kein Gefahrgut*

3 Kennzeichnung von Gefahrstoffen nach CLP-VO

3.2 Kennzeichnungs- und Verpackungsbestimmungen

3.2.1 Kennzeichnungsetikett

Ein verpackter Stoff oder Gemisch muss eine Kennzeichnung mit folgenden Inhalten haben:

[1] Name, Anschrift und Telefonnummer des bzw. der Lieferanten

[2] Nennmenge des Stoffes oder Gemisches in der Verpackung, die der Öffentlichkeit zugänglich gemacht wird, sofern diese Mengenangabe nicht bereits anderweitig angegeben ist.

[3] Produktidentifikatoren
   a. für Stoffe der Stoffname und Identifikationsnummern
   b. für Gemische Handelsnamen oder die Bezeichnung des Gemisches und die Stoffnamen der Stoffe, die für die Einstufung zum Gefahrstoff verantwortlich zeigen (max. 4 Bezeichnungen)

[4] Gefahrenpiktogramme

[5] zutreffendes Signalwort „**GEFAHR**" oder „**ACHTUNG**"

[6] Gefahrenhinweise (H-Sätze)

[7] Sicherheitshinweise (P-Sätze)

[8] wenn zutreffend, ergänzende Informationen

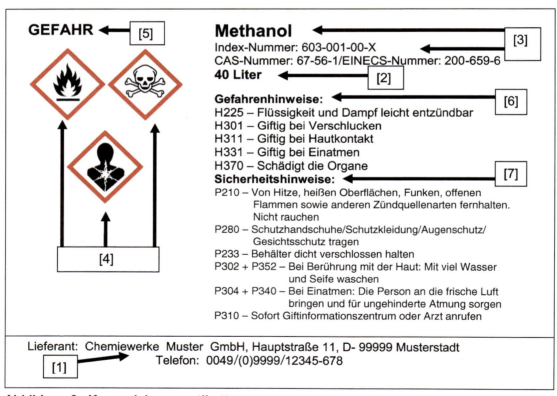

Abbildung 9: Kennzeichnungsetikett

Kennzeichnung von Gefahrstoffen nach CLP-VO

3.2.2 Allgemeine Bestimmungen zur Kennzeichnung

▶ Das Gefahrenpiktogramm muss in Farbe (roter Rand, weißer Hintergrund und schwarzes Symbol) sein.

▶ Die Mindestgröße des Gefahrenpiktogramms beträgt 1 cm^2

▶ Folgende Größen der Kennzeichnungsetiketten sind vorgeschrieben:

Fassungsvermögen der Verpackung	Mindestabmessung des Kennzeichnungsetiketts	Mindestabmessung des Piktogramms
bis 3 Liter	wenn möglich mindestens 52 mm x 74 mm	10 mm x 10 mm (Norm 16 mm x 16 mm)
über 3 Liter bis 50 Liter	mindestens 74 mm x 105 mm	23 mm x 23 mm
über 50 Liter bis höchstens 500 Liter	mindestens 105 mm x 148 mm	32 mm x 32 mm
über 500 Liter	mindestens 148 mm x 210 mm	46 mm x 46 mm

▶ Für Gasflachen bis 150 Liter gelten andere Bestimmungen (Norm ISO 7225): Verkleinerte Form als Aufkleber am Flaschenhals

▶ Aerosole müssen nicht mit dem Gefahrenpiktogramm GHS08 bei Aspirationsgefahr gekennzeichnet sein.

▶ Für Umschließungen/Verpackungen bis 125 ml müssen bei den meisten Gefahreigenschaften die Gefahren- und Sicherheitshinweise nicht angebracht sein.

▶ Die Kennzeichnungselemente dürfen bei Verpackungen, die so gestaltet oder geformt sind oder aber so klein sind, dass es nicht möglich ist, die Kennzeichnungen anzubringen, auch auf:
  – Faltetiketten oder
  – Anhängeetiketten oder
  – der weiteren äußeren Verpackung

angebracht werden. Das Kennzeichnungsetikett auf der inneren Verpackung muss dann mindestens Gefahrenpiktogramme, Stoffname und Name sowie Telefonnummer des Lieferanten enthalten.

▶ Das Etikett muss in der Amtssprache des Mitgliedstaates, in dem der Stoff oder das Gemisch in Verkehr gebracht wird, gehalten sein.

▶ Lieferanten können auch mehr Sprachen, als von den Mitgliedstaaten verlangt wird, auf ihren Kennzeichnungsetiketten verwenden, sofern die Angaben in sämtlichen verwendeten Sprachen erscheinen.

3.2.3 Kennzeichnungsbestimmungen bei Stoffen, die Gefahrgut und Gefahrstoff sind

Kennzeichnungen nach Gefahrgutbeförderungsrecht (ADR = Straße, RID = Schiene, ADN = Binnenschifffahrt, IMDG-Code = Seeverkehr und ICAO-TI/IATA-DGR = Luftverkehr) beinhalten:

1. UN-Nummer (4-stellige Zahl)
2. Gefahrzettel (s. Abbildung 10)

Kennzeichnung von Gefahrstoffen nach CLP-VO

3. evtl. technische Bezeichnung (im See- und Luftverkehr generell gefordert, im Straßen-, Schienen- und Binnenschifffahrtsbereich nur für Explosivstoffe, Gase und radioaktive Stoffe gefordert).

⬥	**Klasse 1:** Explosive Stoffe und Gegenstände mit Explosivstoffen: ▶ Unterklassen 1.1–1.3**) ▶ Verträglichkeitsgruppen Buchstabe*)	1.4	**Klasse 1:** Explosive Stoffe und Gegenständen mit Explosivstoffen: ▶ Unterklasse 1.4 ▶ Verträglichkeitsgruppen Buchstabe*)
1.5 D	**Klasse 1:** Explosive Stoffe und Gegenstände mit Explosivstoffen: ▶ Unterklasse 1.5 ▶ Verträglichkeitsgruppen Buchstabe D)	1.6 N	**Klasse 1:** Explosive Stoffe und Gegenstände mit Explosivstoffen: ▶ Unterklasse 1.6 ▶ Verträglichkeitsgruppen Buchstabe N)
🔥 1)	**Klasse 2.1:** Entzündbare Gase		**Klasse 2.2:** Nicht entzündbare und nicht giftige Gase
☠	**Klasse 2.3:** Giftige Gase	🔥 1)	**Klasse 3:** Entzündbare flüssige Stoffe
🔥	**Klasse 4.1:** Entzündbare feste Stoffe, selbstzersetzliche Stoffe, polymerisierende Stoffe und desensibilisierte explosive feste Stoffe	🔥	**Klasse 4.2:** Selbstentzündliche Stoffe
🔥 1)	**Klasse 4.3:** Stoffe, die in Berührung mit Wasser entzündbare Gase entwickeln	5.1	**Klasse 5.1:** Entzündend (oxidierend) wirkende Stoffe
5.2 1)	**Klasse 5.2:** Organische Peroxide	☠	**Klasse 6.1:** Giftige Stoffe

Kennzeichnung von Gefahrstoffen nach CLP-VO

☣	**Klasse 6.2:** Ansteckungsgefährliche Stoffe	☢	**Klasse 7:** Radioaktive Stoffe
🧪	**Klasse 8:** Ätzende Stoffe		**Klasse 9:** Verschiedene gefährliche Stoffe und Gegenstände
	Klasse 9A: Lithiumbatterien	🐟	**Zusatzgefahr:** Umweltgefährdend

¹⁾ = auch mit weißer Flamme bzw. mit weißer Gasflasche erlaubt

Abbildung 10: Gefahrklassen und Gefahrzettel

Einzelverpackungen wie Säcke, Kanister, Fässer, Großpackmittel (IBC)

Das nachfolgende Etikett enthält die Kennzeichnung nach dem Gefahrgutbeförderungsrecht **und** nach dem Gefahrstoffrecht (CLP-Verordnung).

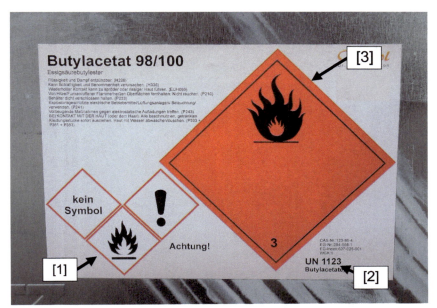

Anmerkung: Es dürfte auf das Gefahrenpiktogramm „Flamme" [1] nach der CLP-VO verzichtet werden, weil diese Gefahr bereits mit dem roten Gefahrzettel [3] aus dem Gefahrgutbeförderungsrecht gekennzeichnet ist. Die Größe der UN-Nummer [2] ist vorgeschrieben.

Abbildung 11: Etikett mit Kennzeichnung nach Gefahrgutbeförderungs- und Gefahrstoffrecht

Für die Beförderung als Gefahrgut sind grundsätzlich die Kennzeichnungssymbole aus dem Gefahrgutbeförderungsrecht anzubringen und können nicht durch die Gefahrenpiktogramme aus der CLP-Verordnung ersetzt werden.

3. Kennzeichnung von Gefahrstoffen nach CLP-VO

GEFAHR	UN 1230 Methanol
☠ (GHS06)	Indexnummer: 603-001-00-X CAS-Nummer: 67-56-1/EINECS-Nummer: 200-659-6 **40 Liter**
🔥 3	**Gefahrenhinweise:** H225 – Flüssigkeit und Dampf leicht entzündbar H301 – Giftig bei Verschlucken H311 – Giftig bei Hautkontakt H331 – Giftig bei Einatmen H370 – Schädigt die Organe **Sicherheitshinweise:** P210 – Von Hitze, heißen Oberflächen, Funken, offenen Flammen sowie anderen Zündquellenarten fernhalten. Nicht rauchen. P280 – Schutzhandschuhe/Schutzkleidung/Augenschutz/Gesichtsschutz tragen P233 – Behälter dicht verschlossen halten P302 + P352 – Bei Berührung mit der Haut: Mit viel Wasser und Seife waschen P304 + P340 – Bei Einatmen: Die Person an die frische Luft bringen und für ungehinderte Atmung sorgen P310 – Sofort Giftinformationszentrum oder Arzt anrufen
☠ 6 (Größe mindestens 10 cm x 10 cm)	
Lieferant: Chemiewerke Muster GmbH, Hauptstraße 11, D-99999 Musterstadt Telefon: 0049/(0)9999/12345-678	

Anmerkung: Anstelle der Gefahrenpiktogramme für **entzündbar** und **akut toxisch** (giftig) wurden hier die Gefahrzettel aus dem Gefahrgutbeförderungsrecht angebracht. Bei der Bezeichnung wurde auch die UN-Nummer angegeben.

Abbildung 12: Kennzeichnungsbeispiel von Methanol als Gefahrstoff und Gefahrgut

Abbildung 13: Kennzeichnung von Gasflaschen

Kennzeichnung von Gefahrstoffen nach CLP-VO

Zusammengesetzte Verpackung; Innenverpackung als Gefahrstoff und Außenverpackung als Gefahrgut

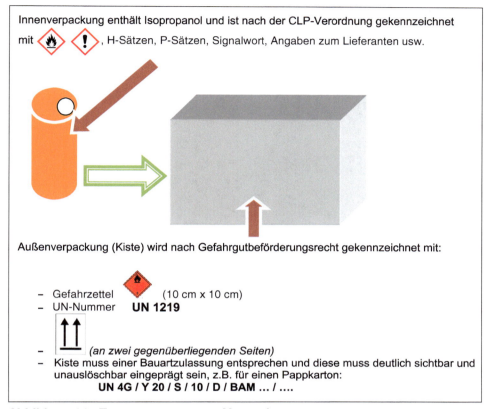

Abbildung 14: Zusammengesetzte Verpackung

Die Außenverpackung wird nach Gefahrgutbeförderungsrecht gekennzeichnet. Die Kennzeichnung als Gefahrstoff nach der CLP-Verordnung kann entfallen, darf aber auch zusätzlich angebracht sein.

3 Kennzeichnung von Gefahrstoffen nach CLP-VO

3.2.4 Kennzeichnungsbestimmungen bei Stoffen, die nur Gefahrstoff sind

Stoffe, die Gefahrstoffe, aber keine Gefahrgüter sind, werden nach der CLP-Verordnung gekennzeichnet. Beispiele hierfür sind die Einzelverpackungen in Abbildung 15.

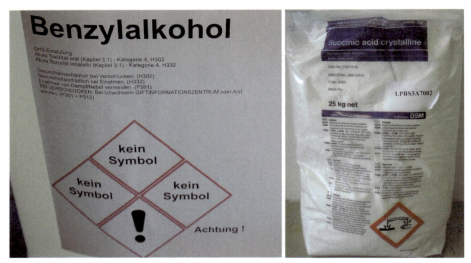

Abbildung 15: Kennzeichnung von Gefahrstoffen

Bei zusammengesetzen Verpackungen werden sowohl die Innen- als auch die Außenverpackungen nach der CLP-Verordnung gekennzeichnet.

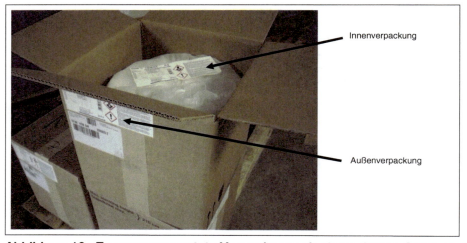

Abbildung 16: Zusammengesetzte Verpackung mit einem festen Gefahrstoff (Granulat) in einem Sack in einer Kiste aus Pappe, gekennzeichnet nach Gefahrstoffrecht

Kennzeichnung von Gefahrstoffen nach CLP-VO

3.2.5 Umverpackungen zur Lagerung

Umverpackungen von Behältnissen mit Stoffen, die Gefahrstoff und Gefahrgut sind, werden bei der Lagerung wie bei der Beförderung nur nach Gefahrgutbeförderungsrecht gekennzeichnet. Umverpackungen von Behältnissen mit Stoffen, die nur Gefahrstoff sind, werden nur nach dem Gefahrstoffrecht (CLP-Verordnung) gekennzeichnet.

Abbildung 17 zeigt als Beispiel eine Umverpackung für ein Versandstück mit den Stoffen Phenetidin und tert-Butylisocyanat.

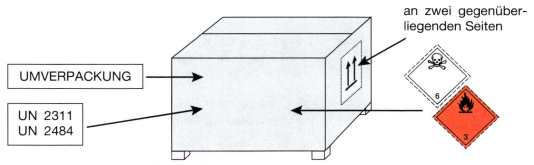

Abbildung 17: Beispiel für eine Umverpackung

Die Aufschrift „UMVERPACKUNG" ist anzubringen, wenn die Kennzeichnungen von außen nicht mehr sichtbar sind. Außen müssen alle Markierungen und Kennzeichnungen wiederholt werden.

3.2.6 Verpackungsbestimmungen

▶ Verpackungen müssen so ausgelegt und beschaffen sein, dass der Inhalt nicht austreten kann, soweit keine anderen spezifischen Sicherheitseinrichtungen vorgeschrieben sind.

▶ Die Füllgutverträglichkeit von Verpackungen und deren Verschlüssen mit dem Inhalt muss gewährleistet sein.

▶ Die Verpackungen müssen in allen Teilen so fest und stark sein, dass sie sich nicht lockern und den üblichen Belastungen durch die Handhabung, Beförderung und den Umschlag standhalten.

▶ Verpackungen mit Verschlüssen, die nach einer Öffnung mehrfach verwendbar sind, müssen so beschaffen sein, dass sie sich mehrfach neu verschließen lassen, ohne dass der Inhalt austreten kann.

> **Hinweis:**
> Werden Verpackungen verwendet, die für die Beförderung als Gefahrgut zugelassen sind, sind diese Regelungen eingehalten – Bauartgeprüfte Verpackungen.

3 Kennzeichnung von Gefahrstoffen nach CLP-VO

Abbildung 18: Kombinations-Großpackmittel (IBC) als Beispiel einer bauartgeprüften Verpackung

▶ Es dürfen keine Verpackungen verwendet werden, die zu einer Verwechslung mit Getränken, Nahrungsmitteln, Arzneimitteln, Kosmetika oder Futtermitteln führen könnten.

▶ Verpackungen für den Endverbraucher (Abgaben an die breite Öffentlichkeit) mit folgenden Eigenschaften müssen mit kindergesicherten Verschlüssen ausgestattet sein:
  – Akut toxisch der Kategorien 1–3
  – Zielorgantoxisch der Kategorie 1
  – Hautätzend der Kategorie 1
  – Aspirationsgefahr, ausgenommen Aerosolpackungen oder Behälter mit versiegelter Sprühvorrichtung
  – Verpackungen mit Inhalten von mehr als 3 % Methanol oder mehr als 1 % Dichlormethan.

3.2.7 Kennzeichnung von Asbest

Nach Anhang XVII der REACH-Verordnung (VO (EG) Nr. 1907/2006) ist das Inverkehrbringen und die Verwendung von Asbestprodukten verboten. Die Vorgaben zur Kennzeichnung von asbesthaltigen Erzeugnissen bzw. ihrer Verpackung finden sich in der REACH-Verordnung Anhang XVII Anlage 7. Entsprechend wird in der Gefahrstoffverordnung für die Kennzeichnung von asbesthaltigen Abfällen auf die REACH-Verordnung verwiesen. Siehe hierzu auch TRGS 519 „Asbest: Abbruch-, Sanierungs- oder Instandhaltungsarbeiten" Anlagen 2 und 7.

Abbildung 19: Kennzeichnung von asbesthaltigen Erzeugnissen

Kennzeichnung von Gefahrstoffen nach CLP-VO

3.3 Kennzeichnung von Gasgefäßen (Flaschen) und Rohrleitungen

Nach der EU-Norm DIN EN 1089-3 werden Gasflaschen farblich gekennzeichnet. Die Farbkennzeichnung ist nur für die Flaschenschulter festgelegt. Lediglich bei medizinischen Gasen ist auch der Rest der Flasche weiß gekennzeichnet. Die Farbkennzeichnung bewirkt, dass bereits auf eine gewisse Entfernung, ohne die Gefahrenaufkleber zu sehen, die Hauptgefahr erkennbar wird – brennbar, inert, giftig usw.

Die folgende Tabelle zeigt, welche Farbe vor welcher Hauptgefahr warnt.

Tabelle 10: Kennzeichnung von Gasgefäßen

Farbe	Hauptgefahr
Gelb	Giftige und oder ätzende Gase, z. B. Chlor, Ammoniak, Schwefeldioxid, Kohlenmonoxid
Rot	Brennbare Gase, z. B. Wasserstoff, Methan, Ethylen, Wasserstoffgemische, Propan-, Butan-Flüssiggas
Hellblau	Oxidierende Gase, z. B. Sauerstoff-, Lachgasgemische – Distickstoffoxid (ausgenommen Inhalationsgemische)
Leuchtendes Grün	Inerte, erstickende Gase, z. B. Edelgase wie Xenon, Neon oder Krypton, Schweißschutzgasgemische, technische Druckluft
Dunkelgrün	Argon, inertes erstickendes Gas
Braun	Helium, inertes erstickendes Gas
Schwarz	Stickstoff, inertes erstickendes Gas
Kastanienbraun	Acetylen, brennbares Gas
Weiß	Sauerstoff
Grau	Kohlendioxid, erstickendes Gas

Kennzeichnung für Inhalationsgasgemische, Medizinische Gase

Die Kennzeichnung erfolgt ringförmig mit zwei Farben auf der Flaschenschulter. Die restliche Flasche ist weiß gekennzeichnet.

Tabelle 11: Kennzeichnung von Inhalationsgasgemischen

Schulterfarbe	Gas/Gasgemisch
Weiß	Medizinischer Sauerstoff
Weiß / Schwarz	Synthetische Luft, Druckluft für Atemzwecke
Weiß / Braun	Gemisch Sauerstoff – Helium
Weiß / Grau	Gemisch Sauerstoff – Kohlendioxid
Weiß / Blau	Gemisch Sauerstoff – Distickstoffoxid

3 Kennzeichnung von Gefahrstoffen nach CLP-VO

Kennzeichnung für Schutzgasgemische

Tabelle 12: Kennzeichnung von Schutzgasgemischen

Schulterfarbe	Gas/Gasgemisch
Grau / Schwarz	Kohlendioxid – Stickstoff
Grau / Weiß	Kohlendioxid – Sauerstoff
Dunkelgrün / Weiß	Argon – Sauerstoff
Dunkelgrün / Schwarz	Argon – Stickstoff

Kennzeichnung von Rohrleitungen in Betrieben nach TRGS 201 Anlage 2

Tabelle 13: Zuordnung der Farben zu Durchflussstoffen

Durchflussstoff	Gruppe	Gruppenfarbe	Zusatzfarbe	Schriftfarbe
Wasser	1	Grün	–	Weiß
Wasserdampf	2	Rot	–	Weiß
Luft	3	Grau	–	Schwarz
Brennbare Gase	4	Gelb	Rot	Schwarz
Nichtbrennbare Gase	5	Gelb	Schwarz	Schwarz
Säuren	6	Orange	–	Schwarz
Laugen	7	Violett	–	Weiß
Brennbare Flüssigkeiten und Feststoffe	8	Braun	Rot	Weiß
Nichtbrennbare Flüssigkeiten und Feststoffe	9	Braun	Schwarz	Weiß
Sauerstoff	0	Blau		Weiß

Arbeitsschutzbestimmungen 4

4 Schutzbestimmungen für das Arbeiten mit Gefahrstoffen nach Arbeitsschutzgesetz und Gefahrstoffverordnung

4.1 Allgemeine Arbeitsschutzbestimmungen

Der Arbeitgeber hat durch eine Gefährdungsbeurteilung die Gefahren am Arbeitsplatz zu ermitteln, zu beurteilen und schriftlich zu dokumentieren. Aus dieser Beurteilung hat der Arbeitgeber zum Schutz der Beschäftigten die erforderlichen Schutzmaßnahmen festzulegen.

Zur Beurteilung der möglichen Gefahren stehen dem Arbeitgeber bis zu 14 verschiedene Gefährdungsfaktoren zur Verfügung, z. B.:

▶ Gefahren beim Arbeiten mit Gefahrstoffen

▶ Brand- und Explosionsgefahren

▶ Mechanische Gefährdungen

▶ Elektrische Gefährdungen

▶ Physische Gefährdungen

▶ Psychische Gefährdungen usw.

Als Schutzmaßnahmen für die Beschäftigten gibt es abhängig von der Risikoeinschätzung:

T	Technische Schutzmaßnahmen
O	Organisatorische Schutzmaßnahmen
P	Persönliche Schutzmaßnahmen

Schadensausmaß/ Wahrscheinlichkeit	Ohne Arbeitsausfall	Mit Arbeitsausfall ohne bleibenden Schaden	Leichter bleibender Gesundheitsschaden	Schwerer bleibender Gesundheitsschaden	Tödliche Verletzung
Häufig	3	2	1	1	1
Gelegentlich	3	2	1	1	1
Selten	3	2	2	1	1
Unwahrscheinlich	3	2	2	2	1
Praktisch unmöglich	3	3	3	2	2

Risikogruppe	Risiko	Maßnahmen
Risikogruppe 1	Hoch	Dringend erhöhte technische Schutzmaßnahmen erforderlich
Risikogruppe 2	Mittel	Maßnahmen mit normaler Schutzwirkung notwendig
Risikogruppe 3	Gering	Organisatorische und/oder Persönliche Schutzmaßnahmen erforderlich

Abbildung 20: Risikobewertung nach Nohl

4 Arbeitsschutzbestimmungen

Bei hohen Gefährdungen müssen technische Schutzmaßnahmen umgesetzt werden. Abbildung 20 zeigt, welche Prüfkriterien angewandt werden können, um eine Risikobewertung vorzunehmen.

Die gesetzlichen Grundlagen für die Gefährdungsbeurteilung zum Arbeitsschutz stehen in folgenden Vorschriften:

- §§ 5 und 6 des Arbeitsschutzgesetzes (ArbSchG),
- § 3 der Betriebssicherheitsverordnung (BetrSichV) und
- § 6 der Gefahrstoffverordnung (GefStoffV).

Konkrete Regelungen zur Gefährdungsbeurteilung beim Arbeiten mit gefährlichen Stoffen finden sich in der

- TRGS 400, Gefährdungsbeurteilung für Tätigkeiten mit Gefahrstoffen,
- TRGS 402, Ermitteln und Beurteilen der Gefährdungen bei Tätigkeiten mit Gefahrstoffen: Inhalative Exposition und
- TRGS 407, Tätigkeiten mit Gasen – Gefährdungsbeurteilung.

4.2 Arbeitsschutzbestimmungen nach der Gefahrstoffverordnung

4.2.1 Allgemeine Schutzmaßnahmen nach § 8 GefStoffV

- Auf eine geeignete Gestaltung des Arbeitsplatzes und eine geeignete Arbeitsorganisation ist zu achten.
- Es müssen geeignete und zugelassene Arbeitsmittel bereitgestellt werden.
- Die Anzahl der Beschäftigten, die Gefahrstoffen ausgesetzt sind, muss begrenzt sein.
- Auf angemessene Hygienemaßnahmen ist zu achten.
- Die Arbeitsplätze sind regelmäßig zu reinigen.
- Die Gefahrstoffmenge am Arbeitsplatz muss auf die Menge begrenzt sein, die für den Fortgang der Arbeiten erforderlich ist.
- Am Arbeitsplatz mit Gefahrstoffen dürfen keine Nahrungs- und Genussmittel zu sich genommen werden.
- Durch die Verwendung verschließbarer, zugelassener und richtiger Behälter wird eine sichere Handhabung, Lagerung und Beförderung von Gefahrstoffen gewährleistet.
- Die Lagerung von Gefahrstoffen muss so erfolgen, dass weder die menschliche Gesundheit noch die Umwelt gefährdet werden können.
- Viele giftige Stoffe (Stoffe, die eingestuft sind als akut toxisch Kategorie 1, 2 oder 3, spezifisch zielorgantoxisch Kategorie 1, krebserzeugend Kategorie 1A oder 1B oder keimzellmutagen Kategorie 1A oder 1B) werden unter Verschluss gelagert und nur fachkundige und zuverlässige Personen haben Zugang zu diesen Stoffen.
- Tätigkeiten mit den obengenannten giftigen Stoffen sowie mit atemwegssensibilisierenden Stoffen oder reproduktionstoxischen Stoffen der Kategorie 1A oder B dürfen nur von besonders unterwiesenen Personen ausgeführt werden.

4.2.2 Zusätzliche Schutzmaßnahmen nach § 9 GefStoffV

Sind die allgemeinen Schutzmaßnahmen nicht ausreichend, um Gefährdungen durch Einatmen, Aufnahme über die Haut oder dem Verschlucken entgegenzuwirken, hat der Arbeitgeber zum Schutz der Beschäftigten unter anderem zusätzlich folgende Maßnahmen zu ergreifen:

▶ Bei Stoffen, die eine erhöhe Gefährdung der Beschäftigten durch inhalative Exposition beinhalten und technisch ein Ersatzstoff nicht anwendbar ist, muss eine technische Lösung verwendet werden, die den Menschen vom Gefahrstoff trennt (geschlossenes System). Ist dies nicht möglich, hat der Arbeitgeber nach dem Stand der Technik die Exposition so gering wie möglich zu halten.

▶ Wird der Arbeitsplatzgrenzwert überschritten, hat der Arbeitgeber unverzüglich den Beschäftigten eine Persönliche Schutzausrüstung zur Verfügung zu stellen. Kann der Arbeitsplatzgrenzwert über einen längeren Zeitraum oder generell nicht eingehalten werden, müssen technische Schutzmaßnahmen umgesetzt werden.

▶ Besteht trotz Ausschöpfung aller technischen und organisatorischen Schutzmaßnahmen bei hautresorptiven, haut- oder augenschädigenden Gefahrstoffen eine Gefährdung durch Haut- oder Augenkontakt, hat der Arbeitgeber unverzüglich Persönliche Schutzausrüstung bereitzustellen.

▶ Der Arbeitgeber hat getrennte Aufbewahrungsmöglichkeiten für Arbeits-/Schutzkleidung und Straßenkleidung (Privatkleidung) zur Verfügung zu stellen.

▶ Der Arbeitgeber hat verunreinigte Arbeitskleidung zu reinigen oder reinigen zu lassen.

▶ Bei Arbeiten mit Gefahrstoffen, die von einem Beschäftigten allein ausgeführt werden, hat der Arbeitgeber zusätzliche Schutzmaßnahmen zu ergreifen oder eine angemessene Aufsicht zu gewährleisten.

4.2.3 Besondere Schutzmaßnahmen bei Tätigkeiten mit krebserzeugenden, keimzellmutagenen und reproduktionstoxischen Gefahrstoffen

Für krebserzeugende, keimzellmutagene sowie reproduktionstoxische Stoffe der Kategorie 1A und 1B gelten zusätzliche Schutzmaßnahmen.

▶ Die Schadstoffkonzentration in der Luft am Arbeitsplatz muss ermittelt und überwacht werden, um bei einem unvorhersehbaren Ereignis oder Unfall schnell erkennen zu können, ob Beschäftigte im erhöhten Maß dem Schadstoff ausgesetzt sind.

▶ Der Gefahrenbereich ist zu kennzeichnen und abzugrenzen; Zutrittsverbote sind festzulegen, so dass nur Berechtigte Zugang finden.

▶ Krebserzeugende Stoffe, die im Anhang II Nr. 6 der GefStoffV aufgeführt sind, müssen in geschlossenen Anlagen hergestellt und verwendet werden.

Diese zusätzlichen Schutzmaßnahmen können entfallen, wenn es einen Arbeitsplatzgrenzwert nach TRGS 900 gibt, der eingehalten wird. Sie können auch entfallen, wenn die ausgeübten Tätigkeiten den Vorgaben der Technischen Regeln für Gefahrstoffe entsprechen, in deren Geltungsbereich sie fallen.

Ein Beispiel hierfür ist die TRGS 519, die die Schutzbestimmungen für Abbruch-, Sanierungs- und Instandhaltungsarbeiten des krebserzeugenden Asbests regelt. Werden die Vorgaben dieser Regel eingehalten, gelten die Schutzmaßnahmen als ausreichend.

4 Arbeitsschutzbestimmungen

4.2.4 Brand- und Explosionsschutzmaßnahmen (§ 11 und Anhang I Nr. 1 GefStoffV)

▶ Gefährliche Mengen oder Konzentrationen von Gefahrstoffen sind zu vermeiden oder zu begrenzen, um die Gefahr der Brandausbreitung und Brandbelastung möglichst zu reduzieren.

▶ Die unbeabsichtigte Freisetzung von Gefahrstoffen ist durch entsprechende Vorkehrungen zu verhindern (z. B. genügend große Auffangwanne).

▶ Zündquellen sind zu vermeiden.

▶ Beschäftigte sind rechtzeitig über einen Gefahrenfall zu unterrichten, so dass sie unverzüglich den Gefahrenbereich verlassen können.

▶ Entstehende gefährliche explosionsfähige Stoffe/Gemische sind zu vermeiden, zu verhindern oder beim Auftreten an ihrer Austrittsstelle oder Entstehungsstelle zu erfassen und gefahrlos zu beseitigen.

▶ Arbeitsbereiche sind mit Flucht- und Rettungswegen sowie Ausgängen in ausreichender Zahl auszustatten und so zu kennzeichnen, dass sie im Gefahrenfall schnell, zuverlässig und ungehindert verlassen werden können.

▶ Arbeitsbereiche müssen mit Feuerlöscheinrichtungen ausgestattet sein. Die Feuerlöscheinrichtungen müssen gekennzeichnet sein.

▶ Verbots- und Warnzeichen sowie Zutrittsverbote sichern explosionsgefährdete Bereiche ab.

▶ Angriffswege zur Brandbekämpfung sind festzulegen. Sie sollen so gestaltet und gekennzeichnet sein, dass sie mit Lösch- und Arbeitsgeräten schnell und ungehindert erreicht werden können.

4.2.5 Besondere Schutzmaßnahmen (Anhang I GefStoffV)

Für folgende Stoffe oder Tätigkeiten bestehen zusätzliche Vorschriften und Schutzmaßnahmen:

▶ für partikelförmige Gefahrstoffe (Stäube), die einatembar sind (s. a. TRGS 553, Holzstaub und TRGS 559, Mineralischer Staub),

▶ für Asbest (Aktinolith, Amosit, Anthophyllit, Chrysotil, Krokydolith, Tremolit) (s. a. TRGS 519, Asbest: Abbruch-, Sanierungs- oder Instandhaltungsarbeiten),

▶ für die Schädlingsbekämpfung mit giftigen Stoffen (eingestuft als akut toxisch oder spezifisch zielorgantoxisch) (s. a. TRGS 523, Schädlingsbekämpfung mit sehr giftigen, giftigen und gesundheitsschädlichen Stoffen und Zubereitungen),

Arbeitsschutzbestimmungen 4

- für Begasungen (Container, Fahrzeuge, die zum Schutz der Ladung mit Gasen beaufschlagt werden) (s. a. TRGS 512, Begasungen) und
- für den Umgang oder die Lagerung von Ammoniumnitrat (s. a. TRGS 511, Ammoniumnitrat).

Die je nach Stoff oder Tätigkeiten zusätzlichen Regelungen und Schutzmaßnahmen können hier nicht im Detail aufgeführt werden.

4.2.6 Arbeitsmedizinische Vorsorge

Ziel der Verordnung zur arbeitsmedizinischen Vorsorge (ArbMedVV) ist es, durch arbeitsmedizinische Vorsorgemaßnahmen arbeitsbedingte Erkrankungen und Berufskrankheiten frühzeitig zu erkennen und zu verhüten.

Es gibt

- Pflichtvorsorge (bei besonders gefährdenden Tätigkeiten),
- Angebotsvorsorge (bei gefährdenden Tätigkeiten) und
- Wunschvorsorge (Vorsorge, die der Arbeitgeber nach dem Arbeitsschutzgesetz zu ermöglichen hat).

Die arbeitsmedizinische Vorsorge erfolgt

- **vor** Aufnahme einer Tätigkeit,
- in regelmäßigen Zeitabständen **während** einer Tätigkeit oder **anlässlich ihrer Beendigung**,
- **nach** Beendigung einer Tätigkeit, bei der zu einem späteren Zeitraum Gesundheitsstörungen auftreten können.

Im Anhang der Verordnung zur arbeitsmedizinischen Vorsorge werden Tätigkeiten mit bestimmten Gefahrstoffen sowie weitere Gefährdungen durch z. B. Lärm oder Vibration aufgelistet, bei denen eine Pflicht- oder Angebotsvorsorge durchgeführt werden muss.

> **Bemerkung:**
> Die arbeitsmedizinische Vorsorge muss von einem Arbeitsmediziner, z. B. dem Betriebsarzt, durchgeführt werden.

5 Lagerung

5.1 Allgemeine Bestimmungen zur Lagerung

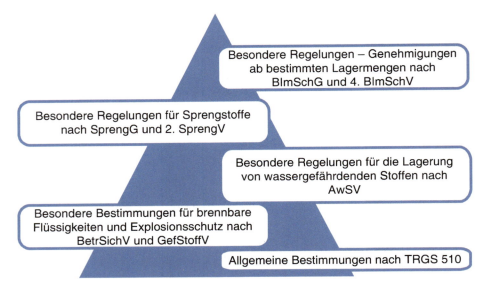

Abbildung 21: Regelungen zur Lagerung

Auf den nächsten Seiten werden die allgemeinen Lagerungsbestimmungen beschrieben. Da diese jedoch durch die Vielzahl der verschiedenen Stoffe sehr umfangreich sind, konzentriert sich die Beschreibung auf die **Lagerung von Gefahrstoffen in ortsbeweglichen Behältern**. Besondere Regelungen, z. B. für explosionsgefährliche oder ansteckungsgefährliche Stoffe und Gemische, werden nicht dargestellt.

Ausgenommen in diesem Kapitel sind entsprechend:

▶ die Lagerung in ortsfesten Anlagen wie Tanks oder Silos nach der TRGS 509,

▶ Schüttgüter in loser Schüttung (feste Stoffe ohne Verpackung),

▶ explosionsgefährliche Stoffe und Gemische, die in den Anwendungsbereich des Sprengstoffgesetzes und für die Lagerung in den der 2. Sprengstoffverordnung fallen,

▶ Ammoniumnitrat und ammoniumnitrathaltige Gemische, die in Anhang I Nr. 5 der Gefahrstoffverordnung geregelt werden,

▶ organische Peroxide, die in den Anwendungsbereich der DGUV Vorschrift 13 (früher BGV B4) fallen,

▶ radioaktive Stoffe, die dem Atomgesetz und der Strahlenschutzverordnung unterliegen,

▶ ansteckungsgefährliche Stoffe,

▶ Großanlagen nach dem Immissionsschutzrecht sowie

▶ Anlagen zur Lagerung von wassergefährdenden Stoffen nach der Verordnung über Anlagen zum Umgang mit wassergefährdenden Stoffen (AwSV).

Lagerung 5

Gefährdungsbeurteilung

Der Arbeitgeber hat für die Tätigkeiten, die mit der Lagerung verbunden sind, eine Gefährdungsbeurteilung durchzuführen.

Bei der Lagerung können sich **Gefährdungen** ergeben durch:

- gefährliche Eigenschaften der Stoffe – siehe hierzu das Sicherheitsdatenblatt
- Aggregatzustand der Stoffe – siehe hierzu das Sicherheitsdatenblatt
- Menge der gelagerten Stoffe
- Art der Lagerung – aktive oder passive Lagerung
- Ort der Lagerung – im Freien, in geschlossenen Räumen, unter Erdgleiche, in einem Lagercontainer, in einem Lagerschrank
- Tätigkeiten bei der Lagerung, Bewegungen im Lager, Umschlagshäufigkeit
- Zusammenlagerung verschiedener Stoffe
- Bauweise des Lagers, Raumgröße, klimatische Verhältnisse
- Lagerdauer

Anhand der Gefährdungen werden die erforderlichen Schutzmaßnahmen festgelegt.

> **Merke:**
> Die Lagerungsvorschriften dienen vor allem dem Schutz und zwar dem
> - Schutz der Beschäftigten im Unternehmen/Betrieb
> - Schutz der Umwelt (Luft, Wasser, Boden)
> - Schutz des Lagergutes selbst
> - Schutz der Güter vor Missbrauch, Diebstahl und Terroranschlägen

Keine Lagerung liegt vor, wenn

- sich die Stoffe im Produktions- oder Arbeitsgang befinden.
- Stoffe für den Fortgang der Arbeit bereitgehalten werden. Als maximale Menge können Mengen, die für eine Tagesproduktion benötigt werden, angesehen werden.
- fertige Produkte oder Zwischenprodukte kurzfristig (maximal eine Tagesschicht) abgestellt werden.
- kleine Mengen in Laboratorien für den Handgebrauch bereitgehalten werden.
- ein Transport unterbrochen oder ein Gefahrgut transportbedingt zwischengelagert wird (siehe hierzu die Bemerkung unten).
- Stoffe zur Beförderung bereitgestellt werden, wenn die Beförderung binnen 24 Stunden nach dem Beginn der Bereitstellung zur Beförderung oder am darauffolgenden Werktag erfolgt. Ist der darauffolgende Werktag ein Sonnabend, so endet diese Frist mit Ablauf des nächsten Werktages.

5 Lagerung

> **Hinweis:**
> Besonders problematisch ist es, beim **Zwischenlagern** eine exakte Trennlinie zwischen Lagerung und Beförderung zu ziehen. Es werden auch Güter für einen längeren Zeitraum zwischengelagert (mehr als 24 Stunden) und es kann trotzdem nicht von einer Lagerung gesprochen werden. Ein Beispiel hierfür sind Güter, die in einem Container am Verladebahnhof oder am Seehafen auf die Weiterverladung warten. Auch in Speditionslägern kann es gelegentlich vorkommen, dass Güter nicht innerhalb von 24 Stunden verladen und weiterbefördert werden. Auch dann ist dies noch keine Lagerung. Solange diese Vorgänge nur gelegentlich und nicht öfter oder häufiger auftreten, müssen die speziellen bautechnischen Regelungen zur Lagerung nicht beachtet werden.

5.1.1 Verbote des Lagerns

Die Lagerung von Gefahrstoffen ist nicht überall erlaubt. Sie ist verboten

- an Orten und Bereichen, an denen Beschäftigte oder andere Personen gefährdet werden könnten,
- auf Verkehrswegen, in Treppenräumen, Fluren, Flucht- und Rettungswegen, Durchgängen, Durchfahrten und engen Höfen,
- in Pausen-, Bereitschafts-, Sanitär-, Sanitätsräumen oder Tagesunterkünften,
- in Gast- und Schankräumen,
- auf Dächern von Wohnhäusern, Bürohäusern, Krankenhäusern und ähnlichen Gebäuden sowie in deren Dachräumen,
- in nicht zugelassenen Lagermengen und/oder in nicht zugelassenen Lagerräumen.

Gefahrstoffe, die giftig (akut toxisch, krebserzeugend, keimzellmutagen oder reproduktionstoxisch) sind, dürfen nicht im gleichen Raum wie Arzneimittel, Lebens- oder Futtermittel einschließlich deren Zusatzstoffe, Kosmetika und Gesundheitsmittel aufbewahrt oder gelagert werden. Grundsätzlich sollten auch alle anderen Gefahrstoffe in separaten Räumen aufbewahrt/gelagert werden. Wenn aus betrieblichen Gründen die Lagerung in einem Raum zwingend notwendig ist, muss zumindest ein horizontaler **Abstand** von mehr als **2 m** eingehalten werden.

Gefahrstoffe getrennt lagern!

5.1.2 Allgemeine Regelungen nach TRGS 510

Die TRGS 510 beschreibt, was bei der Lagerung gefährlicher Stoffe und Gemische in ortsbeweglichen Behältern zu beachten ist. Abhängig von der Lagermenge und Gefährlichkeit des Lagerguts gibt sie unterschiedliche Maßnahmen zum Schutz der Beschäftigten und zum Brand- und Explosionsschutz vor.

5.1.2.1 Regelungen für die Lagerbehälter

Gefahrstoffe dürfen nicht in Behältern aufbewahrt oder eingefüllt werden, die zu einer Verwechslung mit Lebensmitteln (Nahrungsmittel, Getränke) führen können.

Die Verpackungen und Behälter müssen so beschaffen und geeignet sein, dass vom Inhalt nichts ungewollt nach außen gelangen kann. Diese Regelung ist erfüllt, wenn die Verpackungen/Behälter nach den gefahrgutbeförderungsrechtlichen Vorschriften verpackt sind. Zu beachten sind hier insbesondere, ob

▶ die Verpackung oder der Behälter gegenüber dem Füllgut beständig ist (Füllgutverträglichkeit),

▶ der füllungsfreie Raum bei Flüssigkeiten und bei Gasen ausreicht,

▶ die Verpackung oder der Behälter den Drücken, die bei Ausdehnung der Stoffe durch Wärmeeinstrahlung entstehen, standhält.

Behälter mit flüssigen Gefahrstoffen müssen in eine Auffangeinrichtung eingestellt werden, die mindestens den Rauminhalt des größten Gebindes aufnehmen kann. Kann eine gefährliche explosionsfähige Atmosphäre nicht ausgeschlossen werden, müssen die Auffangeinrichtungen elektrostatisch ableitfähig sein.

Die Lagerbehälter und Verpackungen müssen immer geschlossen gelagert werden. Außen an den Verpackungen dürfen sich keine Füllgutreste befinden.

Kunststoffkanister oder -fässer dürfen max. 5 Jahre verwendet werden. Auf dem Behälter ist direkt neben der Bauartzulassung nach Gefahrgutbeförderungsrecht auch das Datum (Monat/Jahr) der Herstellung eingeprägt.

5.1.2.2 Kennzeichnung des Lagergutes und des Lagerraums

Die gelagerten Gefahrstoffe müssen eine Kennzeichnung aufweisen, die sie eindeutig ausweist und die wesentlichen Informationen zu ihrer Einstufung und Handhabung enthält. Sie sind nach Gefahrgutbeförderungsrecht und/oder nach der CLP-Verordnung gekennzeichnet.

Der Zugang zum Lager, der Lagerbereich oder ein Gefahrstofflagerschrank müssen von außen erkennbar mit den Sicherheitskennzeichen nach der Arbeitsstättenverordnung und der Arbeitsstättenrichtlinie (ASR A1.3) gekennzeichnet sein. Wichtige Warnzeichen und Verbotszeichen sind z. B.

5 Lagerung

Als Warnzeichen können auch die Gefahrenaufkleber aus dem Beförderungsrecht oder nach der CLP-Verordnung verwendet werden.

5.1.2.3 Lagerung in Lagern

Gefahrstoffe sind in Lagern zu lagern, wenn folgende Mengen je Brandbekämpfungsabschnitt/Gebäude oder Nutzungseinheit überschritten werden:

Gefahrstoffe	Menge
Gase in Druckgasbehältern	2,5 L
Gase in Druckgaskartuschen und Aerosolpackungen	20 kg
Extrem entzündbare Flüssigkeiten (H224)	10 kg
Leicht entzündbare Flüssigkeiten (H225)	20 kg
Entzündbare Flüssigkeiten (H226)	100 kg
Brennbare Flüssigkeiten (Flammpunkt > 60 °C)	1000 kg
Akut toxische Gefahrstoffe (H300, H301, H310, H311, H330 und H331)	50 kg
Zielorgantoxische Gefahrstoffe (H370, H372)	50 kg
Krebserzeugende, keimzellmutagene und reproduktionstoxische Gefahrstoffe (H340, H350, H350i, H360)	50 kg
Stark oxidierende Gefahrstoffe (H271 bzw. Gefahrklasse 5.1, Verpackungsgruppe I nach Beförderungsrecht und Stoffe aus Anlage 6 der TRGS 510)	1 kg
Sonstige oxidierende Gefahrstoffe (H272)	50 kg
Pyrophore Gefahrstoffe (H250)	200 kg
Gefahrstoffe, die mit Wasser entzündbare Gase bilden (H260, H261)	200 kg
Alle anderen Gefahrstoffe (z. B. ätzende Stoffe)	1000 kg

> **Hinweis:**
> Werden mehrere Stoffe zusammengelagert und werden die Mengen je Stoff noch nicht überschritten, sind ab einer Gesamtnettomasse von 1500 kg diese Regelungen einzuhalten.

5.1.2.4 Lagerorganisation

Gefahrstoffe müssen übersichtlich und geordnet gelagert werden. Ansonsten ergeben sich Gefahren, z. B. durch Flurförderzeuge. Gefahrstoffe müssen so gelagert werden, dass freiwerdende Stoffe erkannt, aufgefangen und beseitigt werden können.

Folgende Stoffe müssen unter Verschluss gelagert werden:

▶ Psychotrope Stoffe, die dem Betäubungsmittelgesetz unterliegen,

▶ akut toxische, krebserzeugende, keimzellmutagene und reproduktionstoxische Stoffe.

Stoffe dürfen nur in Lagerbehälter umgefüllt werden, die geeignet sind. Die Lagerbehälter sind zu kennzeichnen.

Der Lagerbereich wie auch die Verpackungen oder Behälter müssen regelmäßig auf ihren ordnungsgemäßen Zustand geprüft werden. Ebenso sind die technischen und/oder elektrischen La-

Lagerung 5

gereinrichtungen auf ihre Funktion zu prüfen. Beispiele hierfür sind Lüfter für den Luftwechsel, Gaswarngeräte, automatische Feuerlöscheinrichtungen wie Sprinkleranlagen, automatische Türschließung bei Notfällen oder Auffangeinrichtungen.

Gabelstaplerfahrer müssen zum Fahren von Flurförderzeugen zugelassen und speziell in den Transport von Gefahrstoffen unterwiesen sein.

Tätigkeiten bei der Lagerung dürfen nur den Beschäftigten übertragen werden, die durch eine Unterweisung mit den Tätigkeiten, den dabei auftretenden Gefahren und erforderlichen Schutzmaßnahmen vertraut sind.

> **Wichtig:**
> In der Betriebsanweisung sind alle Maßnahmen aufgeführt, die von den Beschäftigten beachtet werden müssen.

5.1.2.5 Sicherung des Lagergutes

▶ Gemäß den angebrachten Ausrichtungspfeilen lagern:

▶ Lagerregale und Lagereinrichtungen müssen ausreichend statisch belastbar und standsicher sein. Es müssen Maßnahmen zur Sicherung gegen Heraus- oder Herabfallen vorhanden sein.

▶ Lagerregale müssen einen ausreichend bemessenen Anfahrschutz haben.

▶ Bei Verpackungen, die von Hand ein- und ausgestapelt werden, sind die Stapelhöhen so zu begrenzen, dass diese sicher aufgenommen werden können.

▶ Verpackungen und Behälter – vor allem zerbrechliche Behälter (Glas, Porzellan oder Steinzeug) – müssen so gestapelt oder gesichert werden, dass sie nicht aus den Regelfächern fallen können. Sie dürfen in Regalen, Schränken und anderen Einrichtungen nur bis zu einer solchen Höhe aufbewahrt werden, dass sie noch sicher entnommen und abgestellt werden können. Ggf. sind Tritte, Leitern oder Bühnen zu verwenden.

▶ Unpalettierte senkrecht stehende Fässer werden möglichst mit Greifeinrichtung vom Gabelstapler entnommen oder gelagert.

5.1.2.6 Hygienische Schutzmaßnahmen

Besteht für die Beschäftigten im Lager eine Gefahr durch Hautkontakt, Aufnahme über den Mund oder Inhalation (z. B. gelagerte Gefahrstoffe in nicht staubdichten Säcken oder Flüssigkeiten in Behältern mit Be- und Entlüftung) sind

▶ Waschgelegenheiten zur Verfügung zu stellen und

5 Lagerung

▶ Straßen- und Arbeitskleidung getrennt aufzubewahren, wenn dies zum Schutz der Beschäftigten notwendig ist.

Die durch Gefahrstoffe verunreinigte Arbeitskleidung muss vom Arbeitgeber gereinigt werden.

5.1.2.7 Persönliche Schutzausrüstung

Kann bei einer Stofffreisetzung, z. B. durch Leckagen bei Behälterbruch oder Beschädigungen von Verpackungen, eine kurzzeitige Exposition nicht ausgeschlossen werden oder besteht bei hautreizenden, hautätzenden, hautresorptiven oder hautsensibilisierenden Stoffen eine Gefährdung durch Hautkontakt, ist vom Arbeitgeber geeignete Schutzausrüstung zur Verfügung zu stellen. Diese Schutzkleidung ist vom Arbeitgeber zu reinigen und erforderlichenfalls zu ersetzen und zu entsorgen.

In Abhängigkeit vom gelagerten Stoff und von den örtlichen Gegebenheiten sind Fluchtfilter bereitzuhalten bzw. mitzuführen.

Werden Druckgasbehälter mit akut toxischen Gasen, die mit dem Gefahrenhinweis H330 gekennzeichnet sind, gelagert, müssen beim Betreten der Lagerräume Atemschutzgeräte mitgeführt werden. Atemschutzgeräte sind außerhalb der gefährdeten Bereiche für die Beschäftigten schnell erreichbar aufzubewahren.

Augen- und Körperduschen sind regelmäßig auf Funktion und Wirksamkeit zu prüfen.

5.1.2.8 Erste-Hilfe-Maßnahmen

Der Arbeitgeber hat entsprechend der Art der Arbeitsstätte, der Art der Tätigkeiten und entsprechend der Anzahl der Beschäftigten die erforderliche Erste-Hilfe-Ausstattung leicht erreichbar zur Verfügung zu stellen und diese regelmäßig auf ihre Vollständigkeit und Verwendungsfähigkeit prüfen zu lassen. Dies wird i. d. R. in einem Unternehmen durch die Ersthelfer durchgeführt.

5.1.2.9 Maßnahmen zur Alarmierung

Der Arbeitgeber hat Maßnahmen zu treffen, die es den Beschäftigten bei unmittelbarer erheblicher Gefahr ermöglichen, sich durch sofortiges Verlassen der Arbeitsplätze in Sicherheit zu bringen. Dazu gehören:

▶ die rechtzeitige Alarmierung der Beschäftigten

▶ jederzeit benutzbare Fluchtwege und Notausgänge

▶ Vorhandensein eines aktuellen Flucht- und Rettungsplanes

▶ eine Alarmordnung.

Es müssen Einrichtungen vorhanden sein, um im Brand- oder Schadensfall Hilfe anfordern zu können, z. B. eine durch Fernsprecher erreichbare, ständig besetzte Stelle.

> **Wichtig:**
> Die Beschäftigten müssen mit den Fluchtwegen und Notausgängen vertraut sein!

Lagerung 5

5.1.3 Maßnahmen zum Brandschutz

Die folgenden Maßnahmen zum Brandschutz gelten bei der Lagerung von folgenden brennbaren Stoffen in Mengen über 200 kg:

Tabelle 14: Brennbare Stoffe

Gefahrstoffe	Gefahrenhinweise nach CLP-Verordnung
Entzündbare Flüssigkeiten	H224, H225 und H226[1]
Entzündbare Gase und entzündbare Aerosole	H220, H221, H222 und H223
Entzündbare Feststoffe	H228
Pyrophore Flüssigkeiten und Feststoffe	H250
Selbsterhitzungsfähige Gefahrstoffe	H251, H252
Selbstzersetzliche Gefahrstoffe	H242
Gefahrstoffe, die in Berührung mit Wasser entzündbare Gase bilden	H260, H261
Andere Gefahrstoffe, die erfahrungsgemäß brennbar sind (z. B. Flüssigkeiten mit einem Flammpunkt > 60 °C)	

[1] Bei Gefahrstoffen, gekennzeichnet mit H226 gelten die Brandschutzmaßnahmen ab 1000 kg.

Bereiche, in denen über 200 kg extrem entzündbare, leicht entzündbare oder entzündbare Gefahrstoffe gelagert werden, sind mit dem Warnzeichen **„Warnung vor feuergefährlichen Stoffen"** gekennzeichnet.

Für Flucht- und Rettungswege gelten folgende Regelungen:

▶ Von jeder Stelle eines Lagerraumes ist mindestens ein Ausgang in höchstens 35 m Entfernung erreichbar, der entweder ins Freie, in einen notwendigen Treppenraum oder in einen anderen Brandabschnitt führt.

▶ Jeder Lagerraum von mehr als 200 m² Fläche hat mindestens zwei, möglichst gegenüberliegende Ausgänge.

▶ Lagerräume oberhalb Erdgleiche mit mehr als 1600 m² Fläche besitzen in jedem Geschoss mindestens zwei, möglichst entgegengesetzt liegende Flucht- und Rettungswege.

Läger sind mit ausreichenden und geeigneten Feuerlöscheinrichtungen (z. B. Feuerlöscher, Wandhydranten oder Löschanlagen) auszustatten. Feuerlöscheinrichtungen müssen, sofern sie nicht selbsttätig wirken, gekennzeichnet, leicht zugänglich und leicht handhabbar sein.

Bei einer Brandbekämpfung mit Wasser muss eine ausreichende Löschwassermenge zur Verfügung stehen. Bereiche, in denen kein Wasser verwendet werden darf, sind mit dem Verbotszeichen **„Mit Wasser löschen verboten"** gekennzeichnet. Bei automatischen Löschanlagen muss das Lagergut unmittelbar vom Löschmittel erreicht werden (durchlässige Regalsysteme).

5 Lagerung

▶ In Lagergebäuden und Gebäuden mit Lagerbereichen sind bei Lagerguthöhen (Oberkante Lagergut) von **mehr als 7,5 m** ortsfeste oder teilbewegliche (halbstationäre) Löschanlagen (Sprinkler- oder Sprühwasserlöschanlage) angeordnet.

▶ Das Löschmittel bei Löschanlagen muss auch das Lagergut jeder Lageretage erreichen (durchlässige Lagerböden in den Lagerregalen).

▶ Löschwasserleitungen, Sprinklerdüsen oder Rauchmelder sind so angebracht, dass diese beim Ein- und Auslagern der Lagergüter nicht beschädigt werden können.

Ob eine Löschwasserrückhalteeinrichtung vorhanden oder wie groß sie für kontaminiertes Löschwasser sein muss, wird beim Lagern wassergefährdender Stoffe über die Löschwasserrückhalte-Richtlinie (LöRüRL) der Länder geregelt.

Zündquellen, die zu Bränden führen können, sind zu vermeiden. Als Zündquellen können auch Abfallstoffe, wie Putzlappen, die mit brennbaren Flüssigkeiten getränkt sind (Selbstentzündungsgefahr), wirken.

Gebäude müssen einen geeigneten Blitzschutz haben.

5.2 Ergänzende Lagerbestimmungen für spezielle Gefahrstoffe

Für einige Stoffe gelten ab einer Lagermenge über 200 kg zusätzliche Schutzbestimmungen zur Lagerung.

> **Hinweis:**
> Zusammenlagerungsverbote siehe Kapitel 5.3.

Tabelle 15: Gefahrstoffe, für die ab einer Lagermenge über 200 kg zusätzliche Schutzbestimmungen gelten

Gefahrstoffe	Gefahrenhinweise nach CLP-Verordnung
Akut toxische Gefahrstoffe	H300, H301, H310, H311, H330, H331
Zielorgantoxische Gefahrstoffe	H370, H372
Krebserzeugende (karzinogene) Gefahrstoffe	H350, H350i
Keimzellmutagene (erbgutverändernde) Gefahrstoffe	H340
Oxidierende (brandfördernde) Gefahrstoffe, fest und flüssig	H271, H272
Entzündbare (brennbare) und oxidierende (brandfördernde) Gase	H220, H221, H270
Pyrophore Flüssigkeiten und Feststoffe	H250
Extrem, leicht und entzündbare Flüssigkeiten	H224, H225, H226[1)]

[1)] Bei Gefahrstoffen, gekennzeichnet mit H226 gelten die zusätzlichen Schutzmaßnahmen ab 1000 kg.

Lagerung 5

Zugangsbeschränkungen

Der Zugang muss so organisiert sein, dass er auf befugte und entsprechend unterwiesene Personen beschränkt ist. Das Verbotszeichen **„Zutritt für Unbefugte verboten"** weist deutlich sichtbar auf die Zugangsbeschränkung hin.

Zur Sicherung des Lagers sind bei genehmigungsbedürftigen Lägern zusätzliche bauliche oder überwachungstechnische Maßnahmen gefordert. Beispiele hierfür sind die Sicherung von Fenstern und Türen durch Einbruchmeldeanlagen oder die ständige Überwachung durch den Werkschutz.

Notfallübungen

Im Betrieb müssen regelmäßig, in angemessenen Abständen, folgende Fälle geübt werden:

▶ Die Flucht aus dem Lagerbereich beim Freiwerden der Stoffe

▶ Die Flucht aus dem Lagerbereich bei einem Brand

Eine Anweisung (Betriebsanweisung und Alarmplan) regelt das Verhalten der Beschäftigten bei einem Brand, bei Betriebsstörungen und/oder bei Leckagen/Produktaustritt. Diese Anweisungen müssen an mehreren gut zugänglichen Stellen im Lagerbetrieb aushängen.

> **Wichtig:**
> In der Betriebsanweisung finden sich Angaben über das richtige Verhalten im Gefahrfall.

5.2.1 Lagerung entzündbarer Flüssigkeiten

Die folgenden Regelungen gelten für extrem entzündbare und leicht entzündbare Flüssigkeiten (gekennzeichnet mit H224 und H225) über 200 kg und für entzündbare Flüssigkeiten (gekennzeichnet mit H226) über 1000 kg. Bei Mengen unter 200 kg (1000 kg bei H226) ergibt die Gefährdungsbeurteilung, welche Maßnahmen erforderlich sind. Restentleerte, ungereinigte Behälter sind hinsichtlich der Schutzmaßnahmen wie gefüllte Behälter zu betrachten. Für die Lagerung in Sicherheitsschränken gelten eigene Bestimmungen (siehe hierzu Kapitel 5.2.1.1).

Auffangräume

Es gibt verschiedene Arten von Auffangräumen. Auffangräume können Vertiefungen, Schwellen, Wände, Wälle oder Teile eines Lagerraumes sein. Die Lagerhalle kann auch nach außen mit einem automatischen Sperrbalken abgesichert sein. Wenn Flüssigkeit ausläuft, wird in Bodennähe über zwei elektrische Leitungen ein Signal weitergegeben, das dann den Sperrbalken automatisch absenkt. Die elektrische Variante darf natürlich nicht als Zündquelle dienen.

Auffangräume in Räumen müssen nach oben offen sein (keine Verdämmung, ausreichende Belüftung, Einsehbarkeit) und dürfen keine Abläufe haben. Im Freien aufgestellte Behälter auf/in Auffangwannen müssen gegen Schlagwetter geschützt, z. B. überdacht, sein.

Auffangräume sind nicht erforderlich für Transportbehälter bis 1000 Liter Rauminhalt, die keine Öffnungen unterhalb des Flüssigkeitsspiegels haben, oder wenn der Transportbehälter bereits mit einer Auffangwane versehen ist, deren Abstand von der Behälterwandung an keiner Stelle mehr als 1 cm beträgt.

5 Lagerung

Abbildung 22: Der gesamte Lagerraum wurde als Auffangraum konstruiert

Abbildung 23: Verpackungen auf Auffangwannen

Fassungsvermögen der Auffangräume

Das Fassungsvermögen von Auffangräumen muss so groß sein, dass sich das Lagergut im Gefahrfall nicht über den Auffangraum hinaus ausbreiten kann. Er beträgt mindestens

1. den Rauminhalt des größten darin aufgestellten Behälters, oder
2. einen bestimmten Anteil des Rauminhaltes aller im Auffangraum gelagerten Behälter, abhängig vom Gesamtfassungsvermögen dieser Behälter:

   a) bis 100 m³: 10 % des Rauminhaltes
   b) von 100 bis 1000 m³: 3 % des Rauminhaltes, mindestens jedoch 10 m³
   c) über 1000 m³: 2 % des Rauminhaltes, mindestens jedoch 30 m³.

Das Fassungsvermögen des Auffangraumes muss dem größeren der errechneten Rauminhalte entsprechen. Bei der Berechnung des Fassungsvermögens nach dem Rauminhalt des größten in ihm stehenden Behälters darf dieser bis zur Oberkante des Auffangraumes einbezogen werden. Restentleerte, ungereinigte Behälter sind wie gefüllte Behälter zu berechnen. Ausnahme: es kann nachgewiesen werden, dass sich innerhalb der Behälter keine explosionsfähige Atmosphäre befindet.

> **Berechnungsbeispiel:**
>
> Es werden 10 IBC mit jeweils 1500 Liter und 30 Fässer mit jeweils 200 Liter gelagert:
>
> 10 IBC x 1500 Liter = 15 000 Liter; 30 Fässer x 200 Liter = 6000 Liter
>
> Damit beträgt der Gesamtinhalt der Fässer 21 000 Liter, umgerechnet 21 m³.
>
> Der Auffangraum muss 10 % des gelagerten Inhaltes fassen können, also 2100 Liter. Der größte Behälter, ein IBC mit 1500 Liter, ist nicht ausreichend.

Brandschutzeinrichtungen

Bei Lagermengen von mehr als 20 t müssen automatische Feuerlöschanlagen und automatische Brandmeldeeinrichtungen vorhanden sein.

Räume zur Lagerung bis 20 t müssen mit automatischen Brandmeldeeinrichtungen ausgerüstet sein, wenn die Gefährdungsbeurteilung dies erfordert.

Lagerung 5

Explosionsschutz

Vermischen sich entzündbare Gase/Dämpfe, Nebel oder Stäube mit Luft, kann sich eine explosionsfähige Atmosphäre bilden. Lagerräume für entzündbare Flüssigkeiten sowie staubförmige Stoffe können **ein explosionsgefährdeter Bereich** sein.

Lagerräume sind **kein explosionsgefährdeter Bereich**, wenn die Behälter entzündbarer Flüssigkeiten bei der passiven Lagerung so eingelagert werden, dass die mögliche Prüffallhöhe der Behälter nicht überschritten wird. Zudem muss ausgeschlossen sein, dass die Behälter durch Flurförderzeuge beschädigt werden können.

Auch Lagerräume, in denen entzündbare Flüssigkeiten in Behältern bis 1000 Liter gelagert werden und diese einen Flammpunkt über 35 °C (reine Flüssigkeiten) bzw. über 45 °C (Gemische) haben, sind kein explosionsgefährdeter Bereich, vorausgesetzt, die Flüssigkeiten werden bei der Lagerung nicht über 30 °C erwärmt.

Folgende Schutzmaßnahmen zur Vermeidung einer Explosion müssen ergriffen werden:

▶ Der Arbeitgeber hat die Explosionsgefahr zu ermitteln und explosionsgefährdete Bereiche in Zonen einzuteilen.

▶ Der Lagerraum muss mit ausreichender Belüftung versehen sein. Die Lüftung muss in Bodennähe wirksam sein.

5.2.1.1 Lagerung in Sicherheitsschränken

Sicherheitsschränke mit einer Feuerwiderstandsfähigkeit von mindestens 90 Minuten gelten als Lagerabschnitt.

Allgemein

Sicherheitsschränke müssen so aufgestellt, betrieben und instandgehalten werden, dass die Beschäftigten vor Gefährdungen, insbesondere durch Brand oder Explosion, geschützt sind.

Eine Betriebsanweisung informiert die Beschäftigten über das richtige Verhalten bei der Lagerung von entzündbaren Gefahrstoffen in Sicherheitsschränken.

Sie legt z. B. fest, dass keine Tätigkeiten (wie Umfüllen) im Schrank durchgeführt werden dürfen und dass die Verpackungen außen nicht mit dem Inhaltsstoff beschmutzt sein dürfen. Auch bestimmt sie,

▶ welche Schutzmaßnahmen beim Entstehen einer explosionsfähigen Atmosphäre getroffen werden müssen, und

▶ welche Maßnahmen nach einem Brandfall ergriffen werden müssen.

Gefahrstoffe, die zur Entstehung von Bränden führen können, dürfen nicht zusammen mit entzündbaren Gefahrstoffen gelagert werden. Gefahrstoffe mit Zündtemperaturen unter 200 °C sowie extrem entzündbare Flüssigkeiten (gekennzeichnet mit H224) dürfen nur in belüfteten feuerbeständigen Sicherheitsschränken gelagert werden. Es muss eine frühzeitige Branderkennung und -bekämpfung sichergestellt sein.

Anforderungen an Sicherheitsschränke

▶ Sicherheitsschränke sollen im Brandfall das Lagergut vor unzulässiger Erwärmung und auftretende explosionsfähige Gemische vor Entzündung schützen.

5 Lagerung

▶ Durch eine technische Lüftung soll im Normalbetrieb das Auftreten einer gefährlichen explosionsfähigen Atmosphäre im Inneren des Schrankes verhindert werden (ausreichender Luftwechsel).

▶ Die Abluft muss an eine ungefährdete Stelle, z. B. an eine Abluftanlage, die ins Freie führt, geleitet werden.

▶ Sicherheitsschränke ohne technische Lüftung müssen über einen Potenzialausgleich geerdet werden.

▶ In Sicherheitsschränken ohne technische Lüftung dürfen sich im Inneren keine Zündquellen befinden.

5.2.1.2 Lagerung im Freien

Bei der Lagerung von entzündbaren Flüssigkeiten im Freien sind ebenfalls besondere Sicherheitsbestimmungen zu beachten:

Die Lagerung muss in gefahrgutrechtlich zugelassenen Behältern erfolgen (Beispiel eines Stahlfasses siehe Abbildung 24). Kanister und Fässer aus Kunststoff sind auch mit Monat und Jahr der Herstellung geprägt, weil diese nur maximal fünf Jahre verwendet werden dürfen.

Abbildung 24: Bauartgeprüfter Behälter aus dem Gefahrgutbeförderungsrecht

Der Bereich des Auffangraumes bis zu einer Höhe von 0,2 m über der Auffangraumhöhe und im Umkreis von 2 m ist im Normalfall explosionsgefährdeter Bereich der Zone 2. Dies gilt nicht, wenn die mögliche Prüffallhöhe der Behälter bei der Lagerung nicht überschritten wird und eine Beschädigung der Behälter durch Flurförderzeuge (z. B. Fassgreifer) ausgeschlossen ist.

Bei der Lagerung im Freien sind Abstände zu Gebäuden einzuhalten: Diese Entfernungen können wiederum reduziert werden, wenn die Gebäudewände bestimmte Anforderungen erfüllen, z. B. feuerbeständig sind.

Tabelle 16: Abstandsregelung zu Gebäudewänden bei Lagerung im Freien

Entfernung von Gebäudewand	Lagermenge
10 m	> 1000 kg
5 m	> 200 bis < 1000 kg
3 m	< 200 kg

5.2.1.3 Lagerung außerhalb von Lagern

Außerhalb von Lagern dürfen entzündbare Flüssigkeiten in folgenden Behältergrößen (Fassungsvermögen) gelagert werden:

▶ in zerbrechlichen Behältern: bis max. 2,5 L Fassungsvermögen

▶ in nicht zerbrechlichen Behältern: bis max. 10 L Fassungsvermögen

Hierbei dürfen max. 20 kg extrem und leicht entzündbare Flüssigkeiten, davon nicht mehr als 10 kg extrem entzündbare Flüssigkeiten, enthalten sein. Die Lagerung in Sicherheitsschränken wird empfohlen (siehe auch Kapitel 5.2.1.1).

> **Hinweis:**
> Nähere Bestimmungen zur Lagerung von entzündbaren Flüssigkeiten in Verkaufsräumen und bewohnten Gebäuden finden sich in Anlage 2 der TRGS 510.

Die Behälter müssen in Auffangeinrichtungen eingestellt werden, die das gesamte Lagervolumen aufnehmen können.

In unmittelbarer Nähe der Lagerbehälter dürfen sich keine wirksamen Zündquellen befinden.

Akut toxische Stoffe, krebserzeugende Stoffe, keimzellmutagene Stoffe sowie reproduktionstoxische Stoffe sind unter Verschluss zu lagern. Der Umgang mit ihnen ist nur befugten und unterwiesenen Personen erlaubt.

5.2.2 Lagerung akut toxischer (giftiger) Stoffe

Die folgenden Regelungen gelten für akut toxische Stoffe (gekennzeichnet mit H300, H301, H310, H311, H330 oder H331) in Mengen über 200 kg. Bei Mengen unterhalb von 200 kg legt die Gefährdungsbeurteilung die Maßnahmen fest.

Organisatorische Maßnahmen

Die Gefahrstoffe sind so unter Verschluss aufzubewahren, dass nur fachkundige oder unterwiesene Personen Zugang haben. Aufbewahrungsmöglichkeiten sind beispielsweise ein abgeschlossener Chemikalienschrank, ein abgeschlossenes Gebäude oder ein abgeschlossener Lagerraum.

Ein Lager im Freien ist so anzulegen, dass das Lager mindestens 5 m von Gebäudeöffnungen entfernt ist.

Bei Lagerflächen über 800 m² müssen zur Warnung von Personen, die sich im Lager oder dessen unmittelbarer Nähe befinden können, Alarmierungsvorrichtungen vorhanden sein, z. B. eine Lautsprecheranlage.

5 Lagerung

Auf ausgewiesenen Flächen, auf denen akut toxische Stoffe zur Be- oder Entladung oder zum Transport bereitgestellt werden, dürfen auch Beschäftigte Zugang haben, die für diese Arbeiten benötigt werden. Diese Personen müssen unterwiesen und beaufsichtigt werden.

Giftige Stoffe der Verpackungsgruppe I müssen auch beim Be- und Entladen vor Missbrauch oder Diebstahl geschützt werden.

Brandschutz

Bei der Lagerung in Gebäuden bis 1600 m² sind die Lagerabschnitte gegenüber anderen Lagerabschnitten, anderen Räumen oder Gebäuden durch feuerbeständige Wände und Decken (Feuerwiderstandsdauer mindestens 90 min) abzutrennen. In Gebäuden über 1600 m² sind diese voneinander durch Brandwände abzutrennen.

Ab einer Lagermenge von 20 t je Lagerabschnitt müssen automatische Brandmeldeanlagen vorhanden sein. Dies kann bereits ab 10 t gefordert sein, wenn besondere örtliche oder betriebliche Gegebenheiten vorliegen (z. B. die Nähe von Wohngebieten).

Bei der Lagerung im Freien sind die Lagerabschnitte gegenüber anderen Gebäuden oder Lagerabschnitten durch feuerbeständige Wände oder durch ausreichende Abstände abzutrennen. Die Wände müssen die Lagerhöhe um mindestens 1 m und die Lagertiefe an der offenen Seite um mindestens 0,5 m überschreiten.

Bei nicht feuerbeständigen Wänden gilt der Mindestabstand von akut toxischen Stoffen zu brennbaren oder nicht brennbaren Stoffen in nicht brennbaren Behältern von 5 m, in allen anderen Fällen von 10 m. Der Abstand von 10 m kann auf 5 m verringert werden, wenn automatische Brandmeldeanlagen und eine Werkfeuerwehr oder eine automatische Feuerlöscheinrichtung vorhanden sind.

5.2.3 Lagerung von oxidierend (brandfördernd) wirkenden Stoffen

Die folgenden Regelungen gelten

▶ für oxidierend (brandfördernd) wirkende Gefahrstoffe (gekennzeichnet mit H272) und/oder Gefahrgüter der Gefahrklasse 5.1, Verpackungsgruppe II oder III bei einer Lagermenge über 200 kg,

▶ für stark oxidierend wirkende Gefahrstoffe (gekennzeichnet mit H271) und/oder Gefahrgüter der Gefahrklasse 5.1, Verpackungsgruppe I und Stoffe, die in Anlage 6 der TRGS 510 aufgeführt sind, bei einer Lagermenge ab 5 kg.

Bei darunter liegenden Mengen legt die Gefährdungsbeurteilung die Maßnahmen fest.

Tabelle 17: Stoffbeispiele für stark oxidierende Stoffe

UN-Nummer	Bezeichnung	UN-Nummer	Bezeichnung
UN 1445	Bariumchlorat	UN 1484	Kaliumbromat
UN 1447	Bariumperchlorat	UN 1494	Natriumbromat
UN 1452	Calciumchlorat	UN 1746	Bromtrifluorid
UN 1455	Calciumperchlorat		

Organisatorische Maßnahmen

Im Lagerraum dürfen keine mit Verbrennungsmotoren betriebene Geräte oder Kraftfahrzeuge abgestellt werden. Ausgetretener Kraftstoff oder Schmierstoff muss sofort beseitigt werden.

Lagerung 5

Andere brennbare Materialien, die keine Lagergüter sind, z. B. Verpackungsmaterial, Füllstoffe, Paletten oder Sägemehl, dürfen in diesem Bereich nicht gelagert werden.

Ausgelaufene oder verschüttete Stoffe mit hierfür bereit gestellten Bindemitteln aufnehmen. Keine brennbaren Materialien wie Putzlappen, Sägespäne, Papier oder Küchenrollenpapier verwenden, ansonsten besteht Selbstentzündungsgefahr. Die ausgetretenen Stoffe müssen bis zur geordneten Entsorgung sicher aufbewahrt werden.

Stark oxidierende Gefahrstoffe (gekennzeichnet mit H271) dürfen in Containern gelagert werden, wenn diese mindestens 10 m von Gebäuden entfernt stehen.

5.2.4 Lagerung von Gasen unter Druck

Die folgenden Regelungen gelten bei der Lagerung von Gasen (gekennzeichnet mit H220, H221, H270, H280 oder H281) in Mengen über 2,5 L.

Organisatorische Maßnahmen

Druckgasbehälter sind gegen Umfallen oder Herabfallen zu sichern. Dies ist nicht erforderlich, wenn durch die Art der Lagerung (Aufstellung in größeren Gruppen) oder die Art des Gefäßes ein Umfallen ausgeschlossen ist. Die Ventile müssen mit Schutzeinrichtungen (Ventilschutzkappen) gesichert sein.

Im Lager dürfen keine Gase umgefüllt werden. Auch dürfen dort keine Arbeiten zur Instandsetzung von Druckgasbehältern durchgeführt werden.

Bei der Lagerung von Gasen, die schwerer als Luft sind, dürfen sich keine Gruben, Kanäle oder Abflüsse zu Kanälen ohne Flüssigkeitsverschluss sowie keine Kellerzugänge oder sonstige offene Verbindungen zu Kellerräumen im Lager befinden. Ferner dürfen sich dort auch keine Reinigungs- oder andere Öffnungen von Schornsteinen befinden.

Abbildung 25: Lagerung von Druckgasbehältern

5 Lagerung

In Arbeitsräumen dürfen maximal 50 gefüllte bzw. 100 entleerte ungereinigte Druckgasbehälter gelagert werden. Folgende Voraussetzungen müssen gegeben sein:

▶ Bei technischer Lüftung muss ein zweifacher Luftwechsel pro Stunde gewährleistet sein. Die Lüftung muss entweder ständig wirksam sein oder durch eine Gaswarneinrichtung automatisch eingeschaltet werden, wenn ein festgelegter Grenzwert überschritten wird. Bei Ausfall der Einrichtung für die technische Lüftung muss ein Alarm ausgelöst werden.

▶ Bei natürlicher Lüftung müssen die Lüftungsöffnungen mindestens einen Gesamtquerschnitt von 10 % der Grundfläche des Raumes haben, so dass sie eine Durchlüftung bewirken. Der Fußboden darf nicht mehr als 1,5 m unter der Geländeoberfläche liegen.

▶ Bei Lagerung in Sicherheitsschränken müssen die Schränke die Anforderungen der DIN EN 14470-2 erfüllen.

Räume, in denen mehr als 5 Druckgasbehälter gelagert werden, müssen ausreichend be- und entlüftet werden. Eine natürliche Lüftung ist ausreichend, wenn unmittelbar ins Freie führende Lüftungseinrichtungen mit einem Gesamtquerschnitt von mindestens 1 % der Bodenfläche des Lagerraumes vorhanden sind. Der Ort der Lüftungsöffnungen muss die Dichte der Gase berücksichtigen (Gase, die schwerer oder leichter sind als Luft).

Akut toxische Gase (gekennzeichnet mit H330) dürfen in Räumen nur gelagert werden, wenn diese über eine Gaswarneinrichtung verfügen, die bei Überschreiten der zulässigen Grenzwerte akustisch und optisch alarmiert. Grundsätzlich haben die Beschäftigten beim Betreten dieses Lagerraumes eine geeignete Schutzmaske mitzuführen.

Brandschutz

Die Wände zu angrenzenden Räumen, die nicht dem Lagern von Gasen dienen, müssen feuerbeständig sein. Es muss ein Sicherheitsabstand zu benachbarten Anlagen und Einrichtungen von mindestens 5 m eingehalten werden. Dieser kann durch eine mindestens 2 m hohe Schutzwand aus nichtbrennbaren Baustoffen ersetzt werden.

5.2.5 Lagerung von Aerosolpackungen und Druckgaskartuschen

Diese Regelungen gelten bei der Lagerung von Aerosolen (gekennzeichnet mit H222 oder H223 nach der CLP-Verordnung) und für Druckgaskartuschen (gekennzeichnet mit H220 oder H221) von mehr als 20 kg. Sie gelten auch für nicht als gefährlich gekennzeichnete Aerosolpackungen (z. B. Sprühsahne) und Druckgaskartuschen ab 200 kg, wenn diese nicht in geschlossenen Gitterboxen gelagert werden, die im Falle eines Zerknalls eine Freisetzung verhindern.

Im Lagerraum darf die Lagermenge von 100 t zusammen mit brennbaren Flüssigkeiten nicht überschritten werden.

In Vorratsräumen dürfen nicht mehr als 20 m² Fläche mit Aerosolpackungen und Druckgaskartuschen belegt werden. Es muss in der Nähe ein 6 kg ABC-Pulverlöscher (Feuerlöscher) vorhanden sein.

Setzen Sie gefüllte Aerosolpackungen und Druckgaskartuschen nicht einer Erwärmung von mehr als 50 °C aus, z. B. durch Sonneneinstrahlung oder andere Wärmequellen. Geräte mit offener Flamme dürfen nicht in der Nähe von Aerosolpackungen oder Druckgaskartuschen betrieben oder vorgeführt werden. Neben Aerosolpackungen oder Druckgaskartuschen dürfen keine pyrotechnischen Artikel oder leicht brennbaren Waren bereitgehalten werden.

Gefüllte Aerosol- oder Druckgaspackungen dürfen nicht in Schaufenstern gelagert werden.

Lagerung 5

Ab 30 t Lagermenge ist auch die Genehmigung nach der 4. Bundes-Immissionsschutzverordnung erforderlich.

> **Hinweis:**
> Nähere Bestimmungen zur Lagerung von Aerosol- oder Druckgaspackungen in Verkaufsräumen und bewohnten Gebäuden finden sich in Anlage 2 der TRGS 510.

5.3 Zusammenlagerungsverbote

Verschiedene Gefahrstoffe dürfen nur dann zusammengelagert werden, wenn dadurch keine Gefährdungserhöhung entsteht.

Wesentliche Gefahrenerhöhungen sind gegeben, wenn:

▶ unterschiedliche Löschmittel benötigt werden,
▶ unterschiedliche Lagertemperaturen benötigt werden,
▶ Stoffe unter Entstehung eines Brandes miteinander reagieren oder
▶ Stoffe unter Bildung giftiger, ätzender oder entzündbarer Gase/Dämpfe untereinander reagieren.

Zur Darstellung von Zusammenlagerungsverboten werden Gefahrstoffe in Lagerklassen eingeteilt. Dabei wird jeder Gefahrstoff nur einer Lagerklasse zugeordnet.

Die Lagerklasse bestimmt die Hauptgefahr des Stoffes, wobei in erster Linie die physikalischen Gefahren bewertet werden und danach die humantoxikologischen Gefahren.

Tabelle 18: Bezeichnung der Lagerklassen (LGK)

Lager-klasse	Bezeichnung
1	Explosive Gefahrstoffe
2 A	Gase (ohne Aerosolpackungen und Feuerzeuge)
2 B	Aerosolpackungen und Feuerzeuge
3	Entzündbare Flüssigkeiten
4.1 A	Sonstige explosionsgefährliche Gefahrstoffe
4.1 B	Entzündbare feste oder desensibilisierte explosive Gefahrstoffe
4.2	Pyrophore oder selbsterhitzungsfähige Gefahrstoffe
4.3	Gefahrstoffe, die in Berührung mit Wasser entzündbare Gase entwickeln
5.1 A	Stark oxidierende Gefahrstoffe
5.1 B	Oxidierende Gefahrstoffe
5.1 C	Ammoniumnitrat und ammoniumnitrathaltige Zubereitungen
5.2	Organische Peroxide und selbstzersetzliche Gefahrstoffe
6.1 A	Brennbare, akut toxische Gefahrstoffe Kategorie 1 und 2
6.1 B	Nicht brennbare, akut toxische Gefahrstoffe Kategorie 1 und 2
6.1 C	Brennbare, akut toxische Gefahrstoffe Kategorie 3 oder chronisch wirkende Gefahrstoffe
6.1 D	Nicht brennbare, akut toxische Gefahrstoffe Kategorie 3 oder chronisch wirkende Gefahrstoffe
6.2	Ansteckungsgefährliche Stoffe
7	Radioaktive Stoffe

5 Lagerung

Lager-klasse	Bezeichnung
8 A	Brennbare ätzende Gefahrstoffe
8 B	Nicht brennbare ätzende Gefahrstoffe
10	Brennbare Flüssigkeiten, die keiner der vorgenannten LGK zuzuordnen sind
11	Brennbare Feststoffe, die keiner der vorgenannten LGK zuzuordnen sind
12	Nicht brennbare Flüssigkeiten, die keiner der vorgenannten LGK zuzuordnen sind
13	Nicht brennbare Feststoffe, die keiner der vorgenannten LGK zuzuordnen sind

In der nachfolgenden Tabelle zur Zusammenlagerung können zwei verschiedene Lagerklassen miteinander verglichen werden. Am Schnittpunkt kommt man entweder auf ein rotes Feld mit einem „–", ein grünes Feld mit einem „+" oder ein gelbes Feld mit einer **Ziffer**.

Dabei bedeuten:

– = Zusammenlagerung verboten (Separatlagerung erforderlich)

+ = Zusammenlagerung erlaubt

Ziffern 1 bis 7, Zusammenlagerung ist eingeschränkt zugelassen, siehe dazu die Erläuterungen

Erläuterungen zur Zusammenlagerungstabelle

1. Die spezifischen gesetzlichen Lagervorschriften sind zu beachten:

    LGK 1 und LGK 4.1 A: 2. SprengV;

    LGK 5.1 C: GefStoffV Anhang I Nr. 5 Ammoniumnitrat sowie TRGS 511

    LGK 5.2: Organische Peroxide; Hinweis: Die hier genannten Regelungen aus der BGV B4 (jetzt DGUV Vorschrift 15) für die Zusammenlagerung sind sinngemäß auch für die selbstzersetzlichen Stoffe anzuwenden.

    LGK 7: StrlSchV und DIN 25422;

2. Zusammenlagerung ist nur zulässig, wenn
    1. maximal 50 gefüllte Druckgasbehälter, darunter nicht mehr als 25 gefüllte Druckgasbehälter mit entzündbaren, oxidierenden oder akut toxischen Gasen (gekennzeichnet mit H331), gelagert werden und diese
    2. durch eine mindestens 2 m hohe Wand aus nicht brennbaren Baustoffen abgetrennt sind
    3. und zwischen Wand und den brennbaren Stoffen ein Abstand von mindestens 5 m eingehalten wird.

3. Mit verschiedenen Gasen gefüllte Druckgasbehälter dürfen unter folgenden Bedingungen gemeinsam in einem Lagerraum gelagert werden:
    1. Druckgasbehälter mit entzündbaren, oxidierenden und akut toxischen Gasen (gekennzeichnet mit H331), wenn dabei die Gesamtzahl 150 Gasflaschen oder 15 Druckfässer nicht übersteigt. Zusätzlich dürfen Druckgasbehälter mit inerten Gasen in beliebiger Menge gelagert werden.
    2. Druckgasbehälter mit entzündbaren und Druckgasbehälter mit inerten Gasen in beliebiger Menge
    3. Druckgasbehälter mit oxidierenden und Druckgasbehälter mit inerten Gasen in beliebiger Menge
    4. Druckgasbehälter mit akut toxischen Stoffen der Kategorie 1, 2 oder 3 und Druckgasbehälter mit inerten Gasen in beliebiger Menge

Tabelle 19: Zusammenlagerung in Abhängigkeit der Lagerklasse

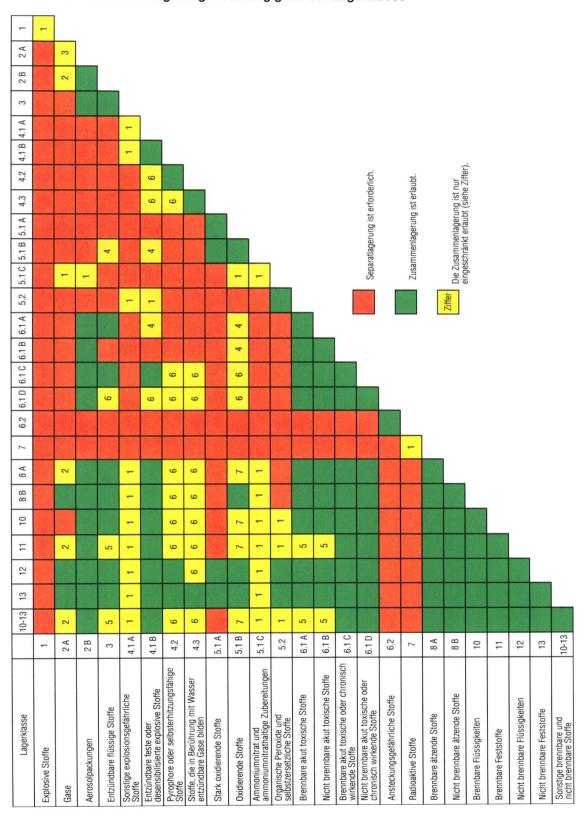

5. In den Fällen 1 bis 3 dürfen zusätzlich 15 Druckgasflaschen oder ein Druckfass mit akut toxischen Gasen (gekennzeichnet mit H330) gelagert werden. Größere Mengen von Gasflaschen mit akut toxischen Gasen müssen in einem besonderen Lagerraum gelagert werden.
6. Zwischen Druckgasbehältern mit entzündbaren und Druckgasbehältern mit oxidierenden Gasen muss ein Abstand von mindestens 2 m eingehalten werden.
7. Für die Lagerung im Freien bestehen keine Einschränkungen.

4 Eine Zusammenlagerung ist erlaubt, wenn folgende Einschränkungen und Gesamtmengen eingehalten werden:
1. LGK 3, 5.1 B, 6.1 A und 6.1 B
   a) bis 1 t Gesamtmenge: ohne Einschränkungen
   b) bis 20 t in Gebäuden, wenn eine automatische Brandmeldeanlage, eine nicht automatische Feuerlöschanlage und eine anerkannte Werkfeuerwehr oder eine automatische Feuerlöschanlage vorhanden ist,
2. LGK 4.1 B: Voraussetzungen für eine Zusammenlagerung von LGK 4.1 B mit 6.1 A:
   a) Gesamtmenge bis 10 t: ohne Einschränkungen
   b) Gesamtmenge bis 20 t:
      in Gebäuden ist eine automatische Brandmeldeanlage vorhanden
      im Freien ist die Branderkennung und Brandmeldung durch stündliche Kontrolle mit Meldemöglichkeiten (wie Telefon, Feuermelder, Funkgerät usw.) gewährleistet oder eine nachweislich geeignete automatische Brandmeldeanlage vorhanden
   c) Gesamtmenge bis 50 t:
      Die Feuerwehr erreicht die Brandstelle innerhalb von 10 Minuten nach Alarmierung
   d) Gesamtmenge bis 100 t:
      Eine nicht automatische Feuerlöschanlage und eine anerkannte Werkfeuerwehr oder eine automatische Feuerlöschanlage ist vorhanden

5 Materialien, die ihrer Art und Menge nach geeignet sind, zur Entstehung oder schnellen Ausbreitung von Bränden beizutragen, wie z. B. Papier, Textilien, Holz, Holzwolle, Heu, Stroh, Kartonagen oder brennbare Verpackungsfüllstoffe, dürfen im Lagerabschnitt nicht gelagert werden, sofern sie nicht zur Lagerung und zum Transport eine Einheit mit den ortsbeweglichen Behältern bilden.

6 Verschiedene Lagergüter dürfen miteinander oder mit anderen Materialien nur zusammen gelagert werden, soweit hierdurch eine wesentliche Gefahrenerhöhung nicht eintreten kann. Eine wesentliche Gefahrenerhöhung kann durch eine Getrenntlagerung vermieden werden.

7 Oxidierende Stoffe dürfen mit brennbaren Lagergütern zusammen gelagert werden
   – in Lagermengen bis zu insgesamt 1 t ohne Einschränkungen.
   – in Lagermengen von mehr als 1 t unter den Einschränkungen der Erläuterung 4 Nr. 1.

Die Anforderungen von Erläuterung 5 sind ebenfalls zu beachten.

Anhang 1 Beispiel eines Sicherheitsdatenblattes

Sicherheitsdatenblatt gem. Verordnung (EG) Nr. 1907/2006	Seite 1/7
Erstellt am:	überarbeitet am/Nr.:

ABSCHNITT 1: Bezeichnung des Stoffs beziehungsweise des Gemischs und des Unternehmens

1.1 Produktidentifikator

Methanol   (CH_3OH)
Handelsname:
Registriernummer:
EG-Nummer: 200-659-6
CAS-Nummer: 67-56-1
EINECS-Nummer: 200-659-6
INDEX-Nummer: 603-001-00-X
Artikelnummer des Herstellers: xxxxxx

1.2 Relevante identifizierte Verwendungen des Stoffs oder Gemischs und Verwendungen, von denen abgeraten wird

Relevante identifizierte Verwendungen: Laborchemikalie

1.3 Einzelheiten zum Lieferanten, der das Sicherheitsdatenblatt bereitstellt:

xxxxxxxx

1.4 Notrufnummer:

Telefon: Telefax:

ABSCHNITT 2: Mögliche Gefahren

2.1 Einstufung des Stoffs oder Gemischs

Einstufung nach VO (EG) Nr. 1272/2008:

Flam. Liq. 2	H225 Flüssigkeit und Dampf leicht entzündbar
Acute Tox. 3	H301 Giftig bei Verschlucken
Acute Tox. 3	H311 Giftig bei Hautkontakt
Acute Tox. 3	H331 Giftig bei Einatmen
STOT SE 1	H370 Schädigt die Organe

2.2 Kennzeichnungselemente

Gefahrenpiktogramme:

GHS02   GHS06   GHS08

Signalwort: GEFAHR

Gefahrenhinweise: H225 Flüssigkeit und Dampf leicht entzündbar
H301 Giftig bei Verschlucken
H311 Giftig bei Hautkontakt
H331 Giftig bei Einatmen
H370 Schädigt die Organe

Anhang 1

Sicherheitsdatenblatt gem. Verordnung (EG) Nr. 1907/2006	Seite 2/7
Erstellt am:	überarbeitet am/Nr.:

Sicherheitshinweise: P210 Von Hitze, heißen Oberflächen, Funken, offenen Flammen sowie anderen Zündquellenarten fernhalten. Nicht rauchen
P280 Schutzhandschuhe/Schutzkleidung/Augenschutz/Gesichtsschutz tragen
P233 Behälter dicht verschlossen halten
P302 + P352 Bei Berührung mit der Haut: Mit viel Wasser und Seife waschen
P304 + P340 Bei Einatmen: Die Person an die frische Luft bringen und für ungehinderte Atmung sorgen
P310 Sofort Giftinformationszentrum oder Arzt anrufen

2.3 Sonstige Gefahren

Ergebnisse der PBT- und vPvB-Beurteilung:
PBT: nicht anwendbar
vPvB: nicht anwendbar

ABSCHNITT 3: Zusammensetzung/Angaben zu Bestandteilen

3.1 Stoffe
Methanol

ABSCHNITT 4: Erste-Hilfe-Maßnahmen

4.1 Beschreibung der Erste-Hilfe-Maßnahmen

Allgemein:
Ersthelfer auf Selbstschutz achten.
Nach Einatmen:
Frischluft zuführen. Bei Atemstillstand Sauerstoff inhalieren lassen, ggf. Atemspende. Sofort Arzt hinzuziehen.
Nach Hautkontakt:
Sofort mit Wasser abwaschen. Bei andauernder Hautreizung Arzt aufsuchen.
Nach Augenkontakt:
Augen bei geöffnetem Lidspalt mindestens 10 Minuten unter fließendem Wasser abspülen und Arzt konsultieren.
Nach Verschlucken:
Mund ausspülen und ein Glas Wasser trinken (lassen). Kein Erbrechen auslösen. Sofort ärztlichen Rat einholen und Verpackung oder Etikett vorzeigen.

4.2 Wichtigste akute oder verzögert auftretende Symptome und Wirkungen
Keine Informationen vorhanden

4.3 Hinweise auf ärztliche Soforthilfe oder Spezialbehandlung
Keine Informationen vorhanden

ABSCHNITT 5: Maßnahmen zur Brandbekämpfung

5.1 Geeignete Löschmittel:
CO_2, ABC-Pulverlöscher oder Wassersprühstrahl. Bei größeren Bränden mit Wassersprühstrahl oder alkoholbeständigem Schaum löschen.

5.2 Besondere vom Stoff oder Gemisch ausgehende Gefahren
Kann explosive Gas-Luftgemische bilden. Explosionsgrenzen 5,5–36 Vol.-%

Sicherheitsdatenblatt gem. Verordnung (EG) Nr. 1907/2006	Seite 3/7
Erstellt am:	überarbeitet am/Nr.:

5.3 Hinweise für die Brandbekämpfung

Umgebungsluftunabhängiges Atemschutzgerät tragen. Vollschutzanzug tragen
Dämpfe sind schwerer als Luft. Auf Rückzündungen achten
Brandklasse: B

ABSCHNITT 6: Maßnahmen bei unbeabsichtigter Freisetzung

6.1 Personenbezogene Vorsichtsmaßnahmen, Schutzausrüstungen und in Notfällen anzuwendende Verfahren

Zündquellen fernhalten, persönliche Schutzkleidung tragen.
Für ausreichende Lüftung sorgen.

6.2 Umweltschutzmaßnahmen

Nicht in die Kanalisation, Oberflächengewässer, Grundwasser gelangen lassen.
Explosionsgefahr

6.3 Methoden und Material für Rückhaltung und Reinigung

Mit flüssigkeitsbindendem Material (z.B. Rotisorb Art. Nr. 1710.1) aufnehmen.

6.4 Verweis auf andere Abschnitte

Informationen zur sicheren Handhabung s. Abschnitt 7.
Informationen zur persönlichen Schutzausrüstung s. Abschnitt 8.
Informationen zur Entsorgung s. Abschnitt 13.

ABSCHNITT 7: Handhabung und Lagerung

7.1 Schutzmaßnahmen zur sicheren Handhabung

Nur im Abzug arbeiten.
Zündquellen fernhalten. Nicht rauchen.
Maßnahmen gegen elektrostatische Aufladung treffen.

7.2 Bedingungen zur sicheren Lagerung unter Berücksichtigung von Unverträglichkeiten

An einem kühlen Ort lagern.
Von Lebensmitteln getrennt lagern.
Behälter dicht geschlossen halten.
Von Wärmequellen und Zündquellen entfernt lagern.
Behälter an einem gut gelüfteten Ort aufbewahren.

Lagerklasse: 3 – Entzündbare Flüssigkeiten. Zusammenlagerungsverbote in Deutschland gemäß TRGS 510 beachten.

7.3 Spezifische Endanwendungen

Keine Informationen vorhanden

ABSCHNITT 8: Begrenzung und Überwachung der Exposition/Persönliche Schutzausrüstungen

8.1 Zu überwachende Parameter

Arbeitsplatzgrenzwert (AGW und IOELV):

67-56-1 Methanol
AGW (Deutschland):   270 mg/m^3, 200 ml/m^3
                        4 (II); DFG, EU, H, Y
IOELV (Europäische Union): 260 mg/m^3, 200 ml/m^3; Haut

Sicherheitsdatenblatt gem. Verordnung (EG) Nr. 1907/2006	Seite 4/7
Erstellt am:	überarbeitet am/Nr.:

Biologischer Grenzwert (BGW):
(Methanol, TRGS 903): 30 mg/l Urin, Parameter: Methanol, Expositionsende bzw. Schichtende; bei Langzeitexposition: nach mehreren vorangegangenen Schichten.

8.2 Begrenzung und Überwachung der Exposition

Produktbezogene und technische Maßnahmen:
Arbeiten mit Abzug.
Verbrauchsmengen am Arbeitsplatz gering halten.
Behälter nach der Verwendung/Entnahme schließen.

Persönliche Schutzausrüstung:

Atemschutz: erforderlich bei Auftreten von Dämpfen/Aerosolen.

Filter AX, Kennfarbe braun

Handschutz: Schutzhandschuhe, Butylkautschuk, Stärke 0,7 mm.
Die Auswahl eines geeigneten Handschuhs ist nicht nur vom Material, sondern auch von weiteren Qualitätsmerkmalen abhängig und von Hersteller zu Hersteller unterschiedlich.
Durchdringungszeit des Handschuhmaterials, Wert für die Permeation:
Level: > 6

Augenschutz: Dichtschließende Schutzbrille

Körperschutz: Flammensichere, antistatische Schutzkleidung

ABSCHNITT 9: Physikalische und chemische Eigenschaften

9.1 Angaben zu den grundlegen physikalischen und chemischen Eigenschaften

Aussehen: flüssig
Farbe: farblos
Geruch: alkoholartig
Zustandsänderungen:
Schmelzpunkt/Schmelzbereich: – 98 °C
Siedepunkt/Siedebereich: + 64,7 °C
Flammpunkt: + 11 °C
Zündtemperatur: + 455 °C

Anhang 1

Sicherheitsdatenblatt gem. Verordnung (EG) Nr. 1907/2006	Seite 5/7
Erstellt am:	überarbeitet am/Nr.:

Explosionsgefahr: Das Produkt ist nicht explosionsgefährlich, jedoch ist die Bildung explosionsgefährlicher Dampf-/Luftgemische möglich.
Untere Explosionsgrenze: 5,5 Vol.-%
Obere Explosionsgrenze: 36 Vol.-%
Dampfdruck bei 20 °C: 128 hPa
Dichte bei 20 °C: 0,79 g/cm^3
Löslichkeit/Mischbarkeit mit Wasser: vollständig mischbar
Verteilungskoeffizient (n-Octanol/Wasser): − 0,77 log P_{OW}
Dynamische Viskosität bei 20 °C: 0,52 mPas

9.2 Sonstige Angaben
Nicht vorhanden

ABSCHNITT 10: Stabilität und Reaktivität

10.1 Reaktivität
Keine Angaben verfügbar

10.2 Chemische Stabilität
Keine Angaben vorhanden

10.3 Möglichkeit gefährlicher Reaktionen
Thermische Belastung. Heftige bis explosive Reaktionen mit u.g. Stoffen

10.4 Zu vermeidende Bedingungen
Kontakt mit Alkali- und Erdalkalimetallen (Freisetzung von Wasserstoff möglich), Oxidationsmitteln, Säurehalogeniden, Hydriden und Halogenen.

10.5 Unverträgliche Materialien
Hygroskopisch
Greift verschiedene Kunststoffe an.

10.6 Gefährliche Zersetzungsprodukte
Keine Angaben vorhanden

ABSCHNITT 11: Toxikologische Angaben

11.1 Angaben zu toxikologischen Wirkungen

Akute Toxizität:

Einstufungsrelevante LD/LC_{50}-Werte:
Oral LD_{50} 5628 mg/g (rat)
Dermal LD_{50} 15800 mg/kg (rabbit)
Inhalativ LC_{50}/4 h   85,26 mg/l (rat)

Primäre Reizwirkung:

An der Haut: Wiederholter Kontakt kann zu spröder oder rissiger Haut führen. Gefahr der Hautresorption
Am Auge: Leichte Reizungen
Nach Einatmen: Schleimhautreizungen, Husten, Atemnot. Dämpfe können Benommenheit und Schläfrigkeit verursachen

Sicherheitsdatenblatt gem. Verordnung (EG) Nr. 1907/2006	Seite 6/7
Erstellt am:	überarbeitet am/Nr.:

Sensibilisierung: Keine sensibilisierende Wirkung bekannt

Zusätzliche toxikologische Hinweise:
ZNS-Störungen, Benommenheit, Schwindel, Rausch, Blutdruckabfall, Störungen der Atem- und Herztätigkeit, Narkose
Erblindung durch Schädigung des Sehnervs möglich
Schädigung von Leber und Nieren
Latenzzeit bis Wirkungseintritt

Allgemeine Bemerkungen und Hinweise:
Das Produkt ist mit der bei Chemikalien nötigen Vorsicht zu handhaben.

ABSCHNITT 12: Umweltbezogene Angaben

12.1 Toxizität

Fischtoxizität
LC_{50}: 15400 mg/l/96 h (lepomis macrochirus)

Daphnientoxizität
EC_{50}: > 10 000 mg/l/48 h (daphnia magna)

Algentoxizität
IC_5: 8000 mg/l/8 d (scenedesmus quadricauda)

Bakterientoxizität
EC_5: 6600 mg/l/16 h (pseudomonas putida)

12.2 Persistenz und Abbaubarkeit

Biologische Abbaubarkeit: 99%/30 d
Biologisch leicht abbaubar
Sonstige Hinweise:
Chemischer Sauerstoffbedarf: CSB: 1,42 g/g
Theoretischer Sauerstoffverbrauch: ThSB: 1,5 g/g

12.3 Bioakkumulationspotenzial

Aufgrund des Verteilungskoeffizienten n-Octanol/Wasser ist eine Anreicherung in Organismen nicht zu erwarten.

12.4 Mobilität im Boden

Nicht in das Grundwasser, in Gewässer oder in die Kanalisation gelangen lassen.

12.5 Ergebnisse der PBT- und vPvB-Beurteilung

PBT: nicht anwendbar
vPvB: nicht anwendbar

12.6 Andere schädliche Wirkungen

Keine Angaben vorhanden

ABSCHNITT 13: Hinweise zur Entsorgung

13.1 Verfahren der Abfallbehandlung

Die Entsorgung ist in Deutschland bei den Ländern und Gemeinden unterschiedlich geregelt. Deshalb ist die Entsorgung bei den örtlichen Behörden zu erfragen.
Das Produkt und seine Behälter sind als **gefährlicher Abfall** zu entsorgen.

Anhang 1

Sicherheitsdatenblatt gem. Verordnung (EG) Nr. 1907/2006	Seite 7/7
Erstellt am:	überarbeitet am/Nr.:

Abfallschlüsselnummer nach EAK (Europäischer Abfallartenkatalog):
Je nach Einsatzbereich kann dieses Produkt verschiedene Abfallschlüsselnummern haben, z.B. „Laborchemikalien organisch Abfallschlüsselnummer: 160508"

Ungereinigte leere Verpackungen: Entsorgung gemäß den behördlichen Vorgaben

ABSCHNITT 14: Angaben zum Transport

14.1 UN-Nummer

UN 1230

14.2 Ordnungsgemäße UN-Versandbezeichnung

METHANOL

14.3 Transportgefahrenklassen

Gefahrenklasse: 3 – entzündbare flüssige Stoffe; Zusatzgefahr: 6.1 – giftig

14.4 Verpackungsgruppe

II

14.5 Umweltgefahren

Keine Einstufung als Meeresschadstoff (Marine Pollutant)

14.6 Besondere Vorsichtsmaßnahmen für den Verwender

Siehe Schutzmaßnahmen unter Abschnitt 7 und 8.

14.7 Massengutbeförderung gemäß Anhang II des MARPOL-Übereinkommens und gemäß IBC-Code

Nicht anwendbar

ABSCHNITT 15: Rechtsvorschriften

15.1 Angaben zu Rechtsvorschriften:
– VO (EG) Nr. 1272/2008
– VO (EG) Nr. 1907/2006 und Änderungs-VO (EU) 2015/830

Nationale Vorschriften:
Hinweise zur Beschäftigungsbeschränkung:
Beschäftigungsbeschränkungen für Jugendliche nach § 22 Jugendarbeitsschutzgesetz beachten.

Sonstige Vorschriften:
Störfallverordnung: Anhang I, Nr. 2.24
Wassergefährdungsklasse nach Verordnung über Anlagen zum Umgang mit wassergefährdenden Stoffen:
– WGK 2, deutlich wassergefährdend

Stoffsicherheitsbeurteilung: wurde nicht durchgeführt.

ABSCHNITT 16: Sonstige Angaben

Die Angaben stützen sich auf den heutigen Stand unserer Kenntnisse, sie stellen jedoch keine Zusicherung von Produkteigenschaften dar und begründen kein vertragliches Rechtsverhältnis.

Schulungshinweise: Unterweisung der Beschäftigten gem. GefStoffV

Datenblattausstellende Abteilung: xxxxxxxx

Ansprechpartner: xxxxxxxxxxxxx

Quellen und Abkürzungen: xxxxx

Anhang 2

Anhang 2 Muster einer Betriebsanweisung

Nummer: Datum: Verantwortlich: *Mustermann* Arbeitsplatz/Tätigkeitsbereich: *Musterbereich*	**Betriebsanweisung** gem. § 14 GefStoffV	Betrieb: *Musterbetrieb*

1. Gefahrstoffbezeichnung

Methylmethacrylat

2. Gefahren für Mensch und Umwelt

- Reizt Atemwege, Augen und die Haut
- Bei Hautkontakt Sensibilisierung (Allergie) möglich
- Leicht entzündlich
- Beim Erhitzen Bildung von explosionsfähigen Dampf-Luftgemischen
- Dämpfe sind schwerer als Luft
- Behälter nur bis max. 90 % befüllen
- Umweltgefährlich, Gefahr für Boden, Kanalisation und Gewässer

3. Schutzmaßnahmen und Verhaltensregeln

- Nur an gut belüfteten Arbeitsplätzen verarbeiten
- Behälter dicht geschlossen halten und in kühlen, trockenen und gut belüfteten Lagerräumen aufbewahren.
- Hautkontakt durch Benutzen von Hilfswerkzeugen (Spatel etc.) und Handschuhen (_____) ausschließen.
- Hautschutzmittel gem. Hautschutzplan benutzen
- Schutz (vor der Arbeit) _____ Reinigung (vor Pausen und Arbeitsschluss) _____ Pflege (nach der Arbeit)_____
- Am Arbeitsplatz nicht rauchen, essen oder trinken und hier keine Lebensmittel aufbewahren
- Zündquellen fernhalten (z.B. _____)
- Beim Arbeiten nur mit Ex-geschützten Arbeitsmitteln gem. der jeweiligen Zone arbeiten

4. Verhalten im Gefahrfall

- Verschüttetes mit Härtepulver aushärten lassen und zur Entsorgung bringen

5. Erste Hilfe

Bei Augenkontakt:
- Spritzer im Auge sofort mit viel Wasser (Augendusche) ausspülen, ggf. Augenarzt aufsuchen

Bei Hautkontakt:
- Benetzte Haut mit Hautreinigungsmittel_____ unter fließendem Wasser reinigen
- Benetzte, getränkte Kleidung sofort ausziehen

Beim Einatmen:
- Bei Atembeschwerden, Unwohlsein Vorgesetzten informieren und an die frische Luft bringen

Beim Verschlucken:
- Mund mit Wasser ausspülen, kein Erbrechen herbeiführen
- Viel Wasser in kleinen Schlucken trinken lassen und Arzt aufsuchen
- Notruf: **112**

6. Sachgerechte Entsorgung

- Reste von Methylmethacrylat mit Härtepulver aushärten lassen
- Abfallgebinde mit ausgehärtetem Kunststoff in Abfallbehältnis _____ sammeln.
- Entsorgung durch:_____ Tel: _____

Datum:
Nächster
Überprüfungstermin:

Unterschrift:
Unternehmer/Geschäftsleitung

Anhang 3 Vorschriftenübersicht

Erläuterungen:

EU-Verordnungen treten in allen EU-Mitgliedstaaten direkt in Kraft, ohne dass dazu national ein Gesetz oder eine Verordnung erlassen bzw. geändert werden muss.

EU-Richtlinien müssen durch nationale Gesetze oder Verordnungen in nationales Recht umgesetzt werden und dürfen, soweit es die Richtlinie erlaubt, auch ergänzende oder abweichende nationale Regelungen enthalten.

Weltweit	
GHS	GHS-System „Globally Harmonised System of Classification and Labelling of Chemicals"; System der weltweit einheitlichen Einstufung und Kennzeichnung von Chemikalien durch die Vereinten Nationen – Umsetzung durch die Europäische Union für Europa
ICAO – T.I.	Technische Regelungen für die sichere Beförderung gefährlicher Güter mit Luftfahrzeugen durch die Internationale Zivile Luftfahrtorganisation (ICAO = International Civil Aviation Organisation)
IMDG-Code	Internationale Vorschrift für die Beförderung gefährlicher Güter mit Seeschiffen; herausgegeben von der IMO = International Maritime Organization
Kontinent Europa	
ADR	Europäisches Übereinkommen über die internationale Beförderung gefährlicher Güter auf der Straße
RID	Ordnung für die Internationale Eisenbahnbeförderung gefährlicher Güter
ADN	Europäisches Übereinkommen über die Internationale Beförderung von gefährlichen Gütern auf Binnenwasserstraßen
Europäische Union	
VO (EG) Nr. 1272/2008	Verordnung (EG) Nr. 1272/2008 über die Einstufung, Kennzeichnung und Verpackung von Stoffen und Gemischen und zur Änderung und Aufhebung der Richtlinien 67/548/EWG und 1999/45/EG und zur Änderung der Verordnung (EG) Nr. 1907/2006 (CLP-Verordnung = Classification, Labelling and Packaging of Chemicals)
VO (EG) Nr. 1907/2006	Verordnung (EG) Nr. 1907/2006 zur Registrierung, Bewertung, Zulassung und Beschränkung chemischer Stoffe (REACH) und zur Schaffung einer europäischen Agentur für chemische Stoffe
VO (EU) 2015/830	Verordnung (EU) 2015/830 ersetzt seit 1. Juni 2015 den Anhang II der REACH-Verordnung (Hinweise zum Erstellen der Sicherheitsdatenblätter)
VO (EG) Nr. 850/2004	Verordnung (EG) Nr. 850/2004 über persistente organische Schadstoffe (POP-Verordnung)
VO (EU) Nr. 528/2012	Verordnung (EU) Nr. 528/2012 über die Bereitstellung auf dem Markt und die Verwendung von Biozidprodukten (Biozidprodukte-Verordnung)
VO (EG) Nr. 1005/2009	Verordnung (EG) Nr. 1005/2009 über Stoffe, die zum Abbau der Ozonschicht führen
VO (EU) Nr. 517/2014	Verordnung (EU) Nr. 517/2014 über fluorierte Treibhausgase und zur Aufhebung der Verordnung (EG) Nr. 842/2006
RL 1999/45/EG	Richtlinie 1999/45/EG zur Angleichung der Rechts- und Verwaltungsvorschriften der Mitgliedstaaten für die Einstufung, Kennzeichnung und Verpackung von gefährlichen Zubereitungen
RL 67/548/EWG	Richtlinie 67/548/EWG zur Angleichung der Rechts- und Verwaltungsvorschriften der Mitgliedstaaten für die Einstufung, Kennzeichnung und Verpackung von gefährlichen Stoffen **Bemerkung:** Die beiden Richtlinien sind seit 1.6.2015 durch die CLP-Verordnung (Verordnung (EG) Nr. 1272/2008) außer Kraft gesetzt.
RL 2014/34/EU	Richtlinie 2014/34/EU zur Harmonisierung der Rechtsvorschriften der Mitgliedstaaten für Geräte und Schutzsysteme zur bestimmungsgemäßen Verwendung in explosionsgefährdeten Bereichen (ATEX 95)

Anhang 3

RL 1999/92/EG	Richtlinie 1999/92/EG über Mindestvorschriften zur Verbesserung des Gesundheitsschutzes und der Sicherheit der Arbeitnehmer, die durch explosionsfähige Atmosphäre gefährdet werden können (ATEX 137)
Deutschland (Gesetze)	
ChemG	Chemikaliengesetz – Gesetz zum Schutz vor gefährlichen Stoffen
BImSchG	Bundes-Immissionsschutzgesetz – Gesetz zum Schutz vor schädlichen Umwelteinwirkungen durch Luftverunreinigungen, Geräusche, Erschütterungen und ähnliche Vorgänge
WHG	Wasserhaushaltsgesetz – Gesetz zur Ordnung des Wasserhaushaltes
SprengG	Sprengstoffgesetz – Gesetz über explosionsgefährliche Stoffe
GGBefG	Gesetz über die Beförderung gefährlicher Güter
Deutschland (Verordnungen)	
GefStoffV	Gefahrstoffverordnung – Verordnung zum Schutz vor Gefahrstoffen
11. ProdSV	Explosionsschutzprodukteverordnung (Umsetzung der Richtlinie 2014/34/EU)
BetrSichV	Betriebssicherheitsverordnung – Verordnung über Sicherheit und Gesundheitsschutz bei der Verwendung von Arbeitsmitteln
ChemVerbotsV	Chemikalien-Verbotsverordnung – Verordnung über Verbote und Beschränkungen des Inverkehrbringens und über die Abgabe bestimmter Stoffe, Gemische und Erzeugnisse nach dem Chemikaliengesetz
ChemSanktionsV	Chemikalien-Sanktionsverordnung – Verordnung zur Sanktionsbewehrung gemeinschafts- oder unionsrechtlicher Verordnungen auf dem Gebiet der Chemikaliensicherheit
ChemBiozidZulV	Biozid-Zulassungsverordnung – Verordnung über die Zulassung von Biozid-Produkten und sonstige chemikalienrechtliche Verfahren zu Biozid-Produkten und Biozid-Wirkstoffen
ChemVOCFarbV	Lösemittelhaltige Farben- und Lackverordnung – Chemikalienrechtliche Verordnung zur Begrenzung der Emissionen flüchtiger organischer Verbindungen (VOC) durch Beschränkung des Inverkehrbringens lösemittelhaltiger Farben und Lacke
ChemOzonSchichtV	Chemikalien-Ozonschichtverordnung – Verordnung über Stoffe, die die Ozonschicht schädigen
ChemKlimaSchutzV	Chemikalien-Klimaschutzverordnung – Verordnung zum Schutz des Klimas vor Veränderungen durch den Eintrag bestimmter fluorierter Treibhausgase
ArbMedVV	Verordnung zur arbeitsmedizinischen Vorsorge
AwSV	Verordnung über Anlagen zum Umgang mit wassergefährdenden Stoffen
SprengV	1. und 2. Verordnung zum Sprengstoffgesetz
GGVSEB	Gefahrgutverordnung Straße, Eisenbahn und Binnenschifffahrt
GGVSee	Gefahrgutverordnung See
Deutschland (Richtlinien, Verwaltungsvorschriften)	
TRGS …	Technische Regel für Gefahrstoffe …
BekGS …	Bekanntmachung zu Gefahrstoffen …
TRBS …	Technische Regel für Betriebssicherheit …
BGV …/BGR …/BGI …/ BGG …	Berufsgenossenschaftliche(r) Vorschrift …/Regel …/Information …/Grundsatz … (umbenannt in DGUV Vorschrift …/Regel …/Information …/Grundsatz …)
VdS …	Richtlinien und technische Anforderungen/Vorgaben durch die Schadensversicherer z. B. VdS 2557 Anforderungen an die Rückhaltung von Löschwasser

Anhang 4 Begriffsbestimmungen und Begriffserklärungen

Hinweis: Rechtsvorschriften siehe Anhang 3

Ableitflächen	Ableitflächen sind Flächen, die auslaufende Flüssigkeiten auffangen und einem Auffangraum zuleiten. Sie bilden mit dem Auffangraum eine bauliche Einheit, sind aber nicht zur längerfristigen Rückhaltung des Lagergutes bestimmt. (→ auch Auffangraum)
Abstände/Schutzabstände	Abstände im Sinne der TRGS 510 dienen dazu, 1. ein Lager vor äußeren Schadensereignissen, wie z. B. mechanische Beschädigung oder Erwärmung in Folge einer Brandbelastung, zu schützen, 2. unbeabsichtigte Wechselwirkungen zwischen den gelagerten Gefahrstoffen zu vermeiden, 3. die Gefährdung der Beschäftigten oder anderer Personen durch undichte Stellen an ortsbeweglichen Behältern oder durch Störungen des bestimmungsgemäßen Betriebsablaufes so gering wie möglich zu halten und 4. benachbarte Anlagen und Gebäude vor Schadensereignissen im Lager zu schützen.
Aerosole/Aerosolpackungen	Auch genannt Druckgaspackungen oder Spraydosen; nicht nachfüllbare Behälter aus Metall, Glas oder Kunststoff, einschließlich des darin enthaltenen verdichteten, verflüssigten oder unter Druck gelösten Gases mit oder ohne Flüssigkeit, Paste oder Pulver, die mit einer Entnahmevorrichtung versehen sind, die es ermöglicht, ihren Inhalt (Schaum, Paste, Pulver usw.) austreten zu lassen.
AGW	→ Arbeitsplatzgrenzwert
aktive Lagerung	Das Aufbewahren in ortsbeweglichen Gefäßen, die am Ort ihrer Lagerung ortsfest als Entnahme- oder Sammelbehälter benutzt oder zu sonstigen Zwecken geöffnet werden. (→ auch Lagerung, passive Lagerung)
akute aquatische Toxizität	→ aquatische Toxizität
akute Toxizität	Jene schädlichen Wirkungen, die auftreten, wenn ein Stoff oder Gemisch in einer Einzeldosis innerhalb von 24 Stunden in mehreren Dosen oral oder dermal verabreicht oder 4 Stunden lang eingeatmet wird. (→ auch LD_{50} und LC_{50}, Gift, giftig)
alveolengängig	Der Teil einatembarer Stäube, der bis zu den Lungenbläschen und Bronchiolen gelangen kann.
Angebotsvorsorge	Arbeitsmedizinische Vorsorge, die bei bestimmten gefährdenden Tätigkeiten vom Arbeitgeber anzubieten ist. Auch wenn Arbeitnehmer diese nicht wahrnehmen, ist sie weiterhin anzubieten. (→ auch Pflichtvorsorge)
Anzündmittel	Im Sinne des Sprengstoffgesetzes Gegenstände, die explosionsgefährliche Stoffe enthalten und die ihrer Art nach zur nichtdetonativen Auslösung von Explosivstoffen oder pyrotechnischen Gegenständen bestimmt sind. (→ auch Zündmittel)
aquatische Toxizität	Man unterscheidet akute (kurzzeitige) und chronische (langfristige) aquatische Toxizität. Bei den umweltbezogenen Angaben im Sicherheitsdatenblatt werden hier die schädigenden Eigenschaften eines Stoffes auf die ihn ausgesetzten Wasserorganismen bewertet.
arbeitsmedizinische Vorsorge	Dient der Früherkennung arbeitsbedingter Gesundheitsstörungen sowie der Feststellung, ob bei Ausübung einer bestimmten Tätigkeit eine erhöhte gesundheitliche Gefährdung besteht. (→ auch Pflichtvorsorge, Angebotsvorsorge, Wunschvorsorge)
Arbeitsplatzgrenzwert (AGW)	Grenzwert für die zeitlich gewichtete durchschnittliche Konzentration eines Stoffes in der Luft am Arbeitsplatz in Bezug auf einen gegebenen Referenzzeitraum. Er gibt an, bis zu welcher Konzentration eines Stoffes akute oder chronische schädliche Auswirkungen auf die Gesundheit von Beschäftigten im Allgemeinen nicht zu erwarten sind. Als Schichtmittelwert wird i. d. R. der Zeitraum bei täglich achtstündiger Exposition an 5 Tagen/Woche während der Lebensarbeitszeit bewertet. (→ auch Auslöseschwelle, IOELV)
Asbest	Silikate mit Faserstruktur: Aktinolith, Amosit, Anthophyllit, Chrysotil, Krokydolith, Tremolit

Anhang 4

Aspiration	Das Eindringen eines flüssigen oder festen Stoffes oder Gemisches direkt über die Mund- oder Nasenhöhle oder indirekt durch Erbrechen in die Luftröhre und den unteren Atemtrakt.
ATE-Wert	Acute Toxicity Estimates (Schätzwert akuter Toxizität). Die akute Giftigkeit eines Stoffes wird i. d. R. als LD_{50}-Wert (oral, dermal) oder LC_{50}-Wert (inhalativ) oder als Schätzwert (ATE) angegeben. Nach der CLP-Verordnung wird der Grad der Giftigkeit mit dem ATE-Wert angegeben. (→ auch LD_{50} und LC_{50})
Ätzwirkung auf die Haut	Das Erzeugen einer irreversiblen Hautschädigung bei Kontakt bis zu einem Zeitraum von 4 Stunden. Reaktionen auf Ätzwirkungen sind durch Geschwüre, Blutungen, blutige Verschorfungen und am Ende des Beobachtungszeitraumes von 14 Tagen als Verfärbung durch Ausbleichen der Haut, komplett haarlose Bereiche und Narben gekennzeichnet.
Auffangraum	Auffangräume sind baulich zugelassene Einrichtungen und Räume zur Lagerung von Gefahrstoffen, die dazu bestimmt sind, auslaufende Flüssigkeiten aus Behältern oder Rohrleitungen aufzunehmen. Sie müssen gegen die gelagerten Flüssigkeiten beständig und auch im Brandfall flüssigkeitsundurchlässig sein. (→ auch Ableitflächen)
Augenreizung	Das Erzeugen von Veränderungen am Auge, die nach Aufbringen einer Prüfsubstanz auf die Oberfläche des Auges innerhalb von 21 Tagen vollständig heilbar sind.
Auslöseschwelle	Wird der Arbeitsplatzgrenzwert nach TRGS 900 für einen Stoff überschritten (= Auslöseschwelle), muss der Arbeitgeber Schutzmaßnahmen einleiten. Hier sollte in erster Linie eine technische Schutzmaßnahme angestrebt werden.
Base	→ Lauge
Beförderungsrecht	Werden gefährliche Stoffe im öffentlichen Verkehrsraum befördert, sind diese Stoffe häufig nach den weltweit gültigen bzw. in Europa gültigen Bestimmungen zur Beförderung gefährlicher Güter zu handhaben.
Bioakkumulation	Die Aufnahme, Umwandlung und Ausscheidung eines Stoffes in einem dem Stoff ausgesetzten Organismus
bioakkumulierbar	Eigenschaft eines Stoffes oder Gemischs, sich in Lebewesen anzureichern
Biologische Abbaubarkeit	Die Zersetzung organischer Moleküle in kleinere Moleküle und schließlich in Kohlendioxid, Salze und Wasser.
BGW – Biologischer Grenzwert	Grenzwert für die Konzentration eines Stoffes, seiner Umwandlungsprodukte oder eines Beanspruchungsindikators im entsprechenden biologischen Material. Er gibt an, bis zu welcher Konzentration die Gesundheit von Beschäftigten im Allgemeinen nicht beeinträchtigt wird.
Biozid-Produkte	Wirkstoffe oder Gemische mit diesen Wirkstoffen, die dazu verwendet werden, auf chemischem oder biologischem Wege Schadorganismen zu zerstören, abzuschrecken, unschädlich zu machen, Schädigungen durch sie zu verhindern oder sie in anderer Weise zu bekämpfen. Produkte, die beim Anbau von Pflanzen verwendet werden, werden nicht als Biozide, sondern als Pflanzenschutzmittel (Pestizide) bezeichnet.
Brand(bekämpfungs)abschnitt	Ein Brand(bekämpfungs)abschnitt ist ein nach Baurecht brandschutztechnisch getrennter Gebäudebereich, bei dem eine Brandübertragung auf andere Gebäudebereiche im Allgemeinen nicht zu erwarten ist.
brennbare Flüssigkeiten	Flüssigkeiten gelten nach der TRGS 510 als brennbar, wenn sie einen Flammpunkt bis 370 °C besitzen. (→ auch extrem entzündbar, leicht entzündbar, entzündbar, Flammpunkt)
Brennpunkt	Die Temperatur, bei der eine Flüssigkeit so viele Dämpfe gebildet hat, dass sie bei Zündung nicht nur aufflammt (Flammpunkt), sondern weiterbrennt. Diese Temperatur liegt nur ungefähr 25–30 °C über dem Flammpunkt von brennbaren Flüssigkeiten. (→ auch Flammpunkt)
BSB	Biochemischer Sauerstoffverbrauch; Abkürzung im Sicherheitsdatenblatt für die biologische Aubbaubarkeit unter Punkt 12 (→ auch CSB)
CAS-Nr.	Vom „Chemical Abstract Service" festgelegte Registriernummer, um die Identifizierung von Stoffen zu erleichtern.

chronische aquatische Toxizität	→ *aquatische Toxizität*
CMR-Stoffe	Krebserzeugende, keimzellmutagene und reproduktionstoxische Stoffe
CSB	Chemischer Sauerstoffbedarf; Abkürzung im Sicherheitsdatenblatt für die biologische Abbaubarkeit unter Punkt 12 (→ *auch BSB*)
Dampfdruck	Stoff- und temperaturabhängiger Gasdruck; bezeichnet den Umgebungsdruck, unterhalb dessen eine Flüssigkeit – bei konstanter Temperatur – beginnt, in den gasförmigen Zustand überzugehen.
Deflagration	Ein schneller Verbrennungsvorgang; Verbrennungsgeschwindigkeit unter 330 m/s (unterhalb der Schallgeschwindigkeit).
dermal	Aufnahme über Haut und Schleimhäute
Detonation	Ein sehr schneller Verbrennungsvorgang; Verbrennungsgeschwindigkeit > 330 m/s. Zusätzlich werden hohe Druckwellen freigesetzt. (→ auch *Verpuffung*)
Dichte	Die Dichte eines Körpers ist das Verhältnis seiner Masse zu seinem Volumen. Sie wird z. B. in g/cm^3, in kg/dm^3 oder in kg/l angegeben. Kurzzeichen griechischer Buchstabe *rho*.
Druckgasbehälter/Druckgefäß	Druckgasbehälter sind Behälter zum Transport und zur Lagerung von Gasen unter Druck einschließlich Ventile und anderer Zubehörteile zur Sicherung der Behälter. Ortsbewegliche Druckgasbehälter unterliegen der Verordnung für ortsbewegliche Druckgeräte (ODV). Zu den Druckgasbehältern im Sinne des Gefahrgutbeförderungsrechts gehören: – Flaschen bis 150 Liter – Großflaschen bis 3000 Liter – Kryobehälter für tiefkalte Gase bis 1000 Liter – Druckfässer bis 1000 Liter – Flaschenbündel bis 3000 Liter (bei giftigen Gasen bis 1000 Liter) – Multiple-Element-Gas-Container > 3000 Liter (bei giftigen Gasen > 1000 Liter). (→ *auch ortsbewegliche Behälter*)
Druckgaskartusche	Druckgaskartuschen sind Einwegbehälter ohne eigene Entnahmevorrichtung. Jede Kartusche besteht aus einem Behälter und einem Verschluss der Einfüllöffnung. Kartuschen werden mittels einer besonderen Entnahmevorrichtung entleert. (→ *auch Aerosolpackungen*)
EC_{50} und EC_5	Mittlere effektive Konzentration, bei der ein 50 %iger oder 5 %iger maximaler Effekt beobachtet wird. Wird bei den umweltbezogenen Angaben im Sicherheitsdatenblatt verwendet.
ECHA	Europäische Chemikalienagentur in Helsinki (European Chemical Agency)
EINECS (EG-Nr.)	Registriernummer gemäß dem „Europäischen Verzeichnis der auf dem Markt vorhandenen chemischen Stoffe" zur Identifizierung von Stoffen, die zwischen dem 1.1.1971 und dem 18.9.1981 in Verkehr gebracht wurden. Die EINECS-Nummer muss bei der Kennzeichnung angegeben werden.
Einstufung	Zuordnung zu einem Gefährlichkeitsmerkmal
Einzelverpackung	Verpackungen, die als einzige Umschließung einen Stoff direkt aufnehmen. Beispiele hierfür sind Fässer, Kanister, Säcke, Großpackmittel (IBC) oder Druckgefäße für Gase. (→ *auch Druckgasbehälter/Druckgefäß, Großpackmittel*)
elektrostatische Entladung	Ein durch große Ladungsdifferenz in einem elektrisch isolierenden Material entstehender Funke oder Durchschlag mit einem sehr hohen Stromimpuls. Ursache dieser Ladungsdifferenz sind meistens Aufladungen durch Reibung von Stoffen untereinander, die nicht oder schlecht leitende Stoffe sind.
ELINCS-Nummer	Registriernummer gemäß der „Europäischen Liste der angemeldeten chemischen Stoffe" zur Identifizierung von Stoffen, die nach dem 18.9.1981 in Verkehr gebracht wurden. Die ELINCS-Nummer muss bei der Kennzeichnung angegeben werden.
entzündbar	Nach der CLP-Verordnung brennbare Flüssigkeiten mit einem Flammpunkt von 23 °C bis 60 °C (→ *auch extrem entzündbar, leicht entzündbar*)

Anhang 4

entzündbarer Feststoff	Ein Stoff, der leicht brennbar oder entzündbar ist oder durch Reibung Brand verursachen kann. Häufig handelt es sich hierbei um pulverförmige, körnige oder pastöse Stoffe. Auch die Oberflächenstruktur ist ein Maß für die Einstufung von Feststoffen als entzündbar und damit als Gefahrstoff. Beispiele: brennbare Leichtmetalle in Pulverform, Eisenspäne, Schwefel, Holz – Holzspäne – Holzstäube, Kohle – Kohlestaub, Grillanzünder, Ofenanzünder und sonstige feste Stoffe, die mit brennbaren Flüssigkeiten getränkt sind.
Erzeugnis	Gegenstand, der bei der Herstellung eine spezifische Form, Oberfläche oder Gestalt erhält, die in größerem Maße als die chemische Zusammensetzung seine Funktion bestimmt.
Explosion	Plötzliche Oxidationsreaktion mit Anstieg der Temperatur, des Druckes oder beidem gleichzeitig (→ *auch Deflagration, Detonation*)
Explosionsbereich	Konzentrationsbereich (Stoffmengenanteil) eines brennbaren Stoffes in der Luft, in dem eine Explosion auftreten kann (→ *auch Explosionsgrenzen*)
explosionsfähige Atmosphäre	Explosionsfähiges Gemisch aus Luft und brennbaren Gasen, Dämpfen, Nebeln oder Stäuben, in dem sich ein Verbrennungsvorgang nach erfolgter Zündung auf das gesamte unverbrannte Gemisch überträgt (→ *auch Zoneneinteilung*)
explosionsfähiges Gemisch	Gemisch aus brennbaren Gasen, Dämpfen, Nebeln oder Stäuben, in dem sich der Verbrennungsvorgang nach erfolgter Zündung auf das gesamte unverbrannte Gemisch überträgt
Explosionsgrenzen	Gemische aus brennbaren Gasen, Dämpfen von Flüssigkeiten oder Stäuben mit dem in der Luft enthaltenen Sauerstoff sind bei bestimmten Mischungsverhältnissen explosionsfähig. Der Bereich, der alle explosiven Mischungsverhältnisse zusammenfasst, wird von zwei Explosionsgrenzen, der oberen Explosionsgrenze (OEG) und der unteren Explosionsgrenze (UEG) beschrieben. Diese Grenzen werden auch als Zündgrenzen bezeichnet.
explosive Stoffe	Feste oder flüssige Stoffe oder Stoffgemische, die durch chemische Reaktion Gase solcher Temperatur, solchen Drucks oder solcher Geschwindigkeit entwickeln können, dass hierdurch in der Umgebung Zerstörungen eintreten. Dazu gehören auch pyrotechnische Stoffe, auch wenn sie kein Gas entwickeln. (→ *auch pyrotechnische Gegenstände*)
extrem entzündbar	Nach CLP-Verordnung **Gase,** die bei 20 °C und einem Standarddruck von 101,3 kPa (1013 mbar) a) entzündbar sind, wenn sie im Gemisch mit Luft mit einem Volumenanteil von 13 % oder weniger vorliegen b) in der Luft einen Explosionsbereich von mindestens 12 Prozentpunkten haben, unabhängig von der unteren Explosionsgrenze Nach CLP-Verordnung **brennbare Flüssigkeiten** mit einem Flammpunkt < 23 °C und einem Siedepunkt < 35 °C (→ *auch leicht entzündbar, entzündbar*)
FCKW-Stoffe	Fluorchlorkohlenwasserstoffe. Diese sind ozonschichtschädigende Stoffe.
Feuerwerkskörper	→ *pyrotechnische Gegenstände*
Flammpunkt	Temperaturpunkt, bei dem an der Oberfläche einer brennbaren Flüssigkeit zum ersten Mal Gase/Dämpfe abgesondert werden, die in Verbindung mit Luft/Sauerstoff und einer Zündquelle gezündet werden können.
fluorierte Treibhausgase	Fluorierte und teilfluorierte Kohlenwasserstoffe (HFKW), perfluorierte Kohlenwasserstoffe (FKW) und Schwefelhexafluorid. Organische Verbindungen, die aus Kohlenstoff (C), Wasserstoff (H) und Fluor (F) oder lediglich aus Kohlenstoff und Fluor bestehen. Das Treibhauspotenzial dieser Verbindungen wird im Verhältnis zu dem von Kohlendioxid (CO_2) bewertet. (→ *auch Treibhauspotenzial*)
Flüssigkeit	Ein Stoff oder Gemisch a) der/das bei 50 °C einen Dampfdruck von weniger als 300 kPa (3 bar) hat, b) bei 20 °C und einem Standarddruck von 101,3 kPa (1013 mbar) nicht vollständig gasförmig ist und c) einen Schmelzpunkt oder Schmelzbeginn von 20 °C oder weniger bei einem Standarddruck hat.

Anhang 4

Gas	Ein Stoff, der a) bei 50 °C einen Dampfdruck von mehr als 300 kPa (3 bar) hat oder b) bei 20 °C und einem Standarddruck von 1013 kPa (1013 mbar) vollständig gasförmig ist
Gase unter Druck	Nach CLP-Verordnung Gase, die in einem Behältnis unter einem Druck von 200 kPa (2 bar Überdruck) oder mehr enthalten sind oder die verflüssigt oder tiefgekühlt verflüssigt sind. Dazu gehören verdichtete, verflüssigte, tiefgekühlt verflüssigte und gelöste Gase.
Gefahrenhinweis	Beschreibt die Art und gegebenenfalls den Schweregrad der Gefährdung. Er setzt sich aus dem Buchstaben H (für hazard = Gefahr) und einer dreistelligen Zahl zusammen. Die Zahl beginnt mit der Ziffer 2, 3 oder 4, wobei 2 für einen Gefahrenhinweis einer physikalischen, 3 für eine Gesundheits- und 4 für eine Umweltgefahr steht.
Gefahrenkategorie	Unterteilt einzelne Gefahrenklassen nach Schwere der Gefahr
Gefahrenklasse	Art der physikalischen Gefahr, der Gefahr für die menschliche Gesundheit oder der Gefahr für die Umwelt durch gefährliche Stoffe (→ auch Gefahrklasse)
Gefahrklasse	Für die Beförderung von gefährlichen Gütern werden die Stoffe weltweit in Gefahrklassen eingeteilt (nicht zu verwechseln mit Gefahrenklassen bei gefährlichen Stoffen). Es gibt die Gefahrklassen 1–9. Die physikalischen Gefahren sind identisch mit dem GHS-System. (→ auch Gefahrenklasse)
gefährliche explosionsfähige Atmosphäre	Explosionsfähige Atmosphäre, die in solcher Menge (gefahrdrohende Menge) auftritt, dass besondere Schutzmaßnahmen für die Aufrechterhaltung der Gesundheit und Sicherheit der Beschäftigten oder anderer Personen erforderlich werden.
gefährliche Güter (Gefahrgut)	Stoffe, Gemische oder Gegenstände, die bei der Beförderung im öffentlichen Verkehrsraum als Gefahrgüter eingestuft sind.
Gefahrstoffe	Stoffe oder Gemische, die eine oder mehrere Gefährlichkeitsmerkmale nach der Gefahrstoffverordnung oder der CLP-Verordnung aufweisen. Gefahrstoffe können technisch reine Stoffe, Mischungen und Lösungen sowie Abfälle mit gefährlichen Eigenschaften sein. Gefahrstoffe können auch erst durch das Verarbeiten oder Bearbeiten entstehen.
gelöste Gase	Gase unter Druck in gelöstem Zustand in einer Substanz (Flüssigkeit), z. B. Acetylen in Aceton.
Gemisch	besteht aus zwei oder mehreren Stoffen
gesundheitsschädlich	Gefahrstoffe, die beim Einatmen, Verschlucken oder Aufnahme über die Haut zum Tod führen oder kurz- oder langfristige Gesundheitsschäden verursachen können.
Getrenntlagerung	Die Lagerung von verschiedenen Stoffen in demselben Lagerabschnitt, die aber durch ausreichende Abstände oder durch Barrieren (z. B. durch Wände oder Schränke aus nicht brennbarem Material) oder durch Lagerung in eigenen Auffangräumen getrennt werden. (→ auch Separatlagerung)
Gift	Ein Stoff, der Lebewesen über ihre Stoffwechselvorgänge oder durch Berührung über die Haut oder durch die Aufnahme in den Körper (in bereits kleiner Menge) einen Schaden zufügen kann. Der durch das Gift entstandene Schaden kann eine vorübergehende oder dauerhafte Beeinträchtigung sein, die auch zum Tod führen kann.
giftig	Stoffe oder Gemische, die in geringer Menge bei Einatmen, Verschlucken oder Aufnahme über die Haut zum Tode führen oder kurz- oder langfristige Gesundheitsschäden verursachen können. In der CLP-Verordnung fallen darunter die Einstufungen akut toxisch, zielorgantoxisch, karzinogen, keimzellmutagen oder reproduktionstoxisch.
Großpackmittel (IBC)	Starre oder flexible transportable Verpackungen, die einen Fassungsraum von bis zu 3,0 m^3 haben können und für mechanische Handhabung (Umschlag) ausgelegt sind. Es gibt: – starre metallene IBC – starre Kombinations-IBC – flexible Big Bags (FIBC)
Großverpackung	Eine vergrößerte zusammengesetzte Verpackung bis 3,0 m^3, die Gegenstände oder Innenverpackungen enthält (→ auch Zusammengesetzte Verpackung)

Anhang 4

Halogene	Halogenkohlenwasserstoffe (HKW); sind gute organische Lösungsmittel. Beispiele sind Chloroform oder Dichlormethan. Die Stoffe haben jedoch durch ihren niederen Siedepunkt schädliche Auswirkungen auf die Umwelt und die Atmosphäre. Sie kommen auch als extrem giftige Stoffe als Insektizide zum Einsatz. Bei Einwirkung von Sonnenlicht werden Halogenradikale gebildet, die ihrerseits die Ozonschicht angreifen. Deshalb sind viele dieser Produkte verboten worden, wie z. B. auch die FCKW-Stoffe. (→ auch FCKW-Stoffe)
Hautallergen	Stoff, der bei Hautkontakt eine allergische Reaktion auslöst
Hersteller	Eine natürliche oder juristische Person oder eine nicht rechtsfähige Personenvereinigung, die einen Stoff, ein Gemisch oder ein Erzeugnis herstellt oder gewinnt
hygroskopisch	wasseranziehend, Aufnahme von Luftfeuchtigkeit
Index-Nummer	Identifizierungscode der Stoffe nach EG-Recht
inerte Gase	Gase, die nicht oder nur sehr schwer eine chemische Reaktion mit anderen Stoffen eingehen. Edelgase, wie Helium, Argon, Xenon, Radon, Krypton, Neon, aber auch Stickstoff gehören dazu. Diese Gase werden auch zum Schutz verwendet (Schutzgase).
Inhalationsallergen	Stoff, der beim Einatmen eine Überempfindlichkeit der Atemwege verursacht
inhalativ	Aufnahme über die Lunge
Inverkehrbringen	Die Abgabe an Dritte oder die Bereitstellung für Dritte; auch Einfuhr in den Europäischen Wirtschaftsraum, soweit es sich nicht lediglich um einen Transitverkehr handelt.
IOELV	Indicative Occupational Exposure Limit Value, Europäischer Arbeitsplatzrichtgrenzwert. Der IOELV entspricht nicht immer unserem nationalen AGW nach der TRGS 900. (→ auch Arbeitsplatzgrenzwert)
Karzinogenität	Eigenschaft eines Gefahrstoffes, Krebs zu erzeugen oder die Krebshäufigkeit zu erhöhen
Keimzellmutagenität	Eigenschaft eines Gefahrstoffes, genetisches Material einer Zelle in Menge oder Struktur genetisch dauerhaft zu verändern
Kombinationsverpackung	Eine Verpackung bestehend aus einer Innen- und einer Außenverpackung, die jedoch fest zusammengebaut ist und eine untrennbare Einheit bildet. Diese wird nur im zusammengebauten Zustand befüllt und entleert.
krebserzeugend (karzinogen)	→ Karzinogenität
Lager	Im Sinne der TRGS 510 Gebäude, Bereiche oder Räume in Gebäuden oder Bereiche im Freien, die besondere Anforderungen zum Schutz von Beschäftigten und anderen Personen erfüllen und dazu bestimmt sind, Gefahrstoffe zum Lagern aufzunehmen. Hierzu zählen auch Container oder Schränke.
Lager im Freien	Offene Lagerflächen. Als Lager im Freien gelten auch überdachte Lager, die mindestens nach zwei Seiten offen sind, sowie Lager, die nur an einer Seite offen sind, wenn die Tiefe – von der offenen Seite her gemessen – nicht größer als die Höhe der offenen Seite ist. Eine Seite des Raumes gilt auch dann als offen, wenn sie aus einem Gitter aus Draht oder dergleichen besteht, das die natürliche Lüftung nicht wesentlich behindert.
Lagerabschnitt	Ein Teil des Lagers, der von anderen Lagerabschnitten oder angrenzenden Räumen 1. in Gebäuden durch Wände und Decken, die die sicherheitstechnischen Anforderungen erfüllen, oder 2. im Freien durch entsprechende Abstände oder durch Wände getrennt ist. Sicherheitsschränke mit einer Feuerwiderstandsfähigkeit von 90 Minuten gelten als Lagerabschnitt.
Lagerbereich	Der Lagerbereich ist der Teil eines Lagerabschnitts, in dem Gefahrstoffe gelagert werden.

Anhang 4

Lagergruppe	Explosive Stoffe nach SprengG werden in vier Lagergruppen unterteilt: Die Lagergruppen definieren sich wie folgt: 1.1: Massenexplosionsfähige Explosivstoffe 1.2: Explosivstoffe explodieren bei einem Brand zunächst allein. Im Verlauf des Brandes nimmt die Zahl der gleichzeitig explodierenden Gegenstände zu. 1.3: Nicht massenexplosionsfähige Explosivstoffe, die jedoch sehr heftig mit starker Wärmeentwicklung brennen. 1.4: Explosivstoffe ohne große bedeutsame Gefahr. Sie brennen ab. Einzelne Gegenstände können jedoch auch explodieren. Die Auswirkungen bleiben jedoch auf das Versandstück beschränkt.
Lagerklasse	Anhand spezifischer Gefahrenmerkmale werden Gefahrstoffe klassifiziert und Lagerklassen zugeordnet. Die Lagerklassen dienen ausschließlich zur Festlegung der Zusammenlagerung. Sie sind in der TRGS 510 Anlage 4 beschrieben.
Lagern	Das Aufbewahren zur späteren Verwendung sowie zur Abgabe an andere. Es schließt die Bereitstellung zur Beförderung ein, wenn die Beförderung nicht innerhalb von 24 Stunden nach der Bereitstellung oder am darauffolgenden Werktag erfolgt. Ist dieser Werktag ein Samstag, so endet die Frist mit Ablauf des nächsten Werktags. ($\rightarrow$ auch aktive Lagerung, passive Lagerung)
Lauge (Base)	Alkalische Lösung. Der pH-Wert ist > 7 bis max. 14. Stark alkalische Lösungen haben einen pH-Wert > 10 bis 14 und sind extrem ätzend. Sie greifen Metalle und lebendes Gewebe an. ($\rightarrow$ auch pH-Wert)
LD_{50} und LC_{50}	LD = Dosis und LC = Konzentration eines Stoffes, die für ein bestimmtes Lebewesen tödlich (letal) wirkt. LD_{xx} wird bei dermaler oder oraler Verabreichung, LC_{xx} bei Inhalation verwendet. Diese Werte werden als Mittelwerte innerhalb einer Messgruppe gewonnen. Die Maßeinheit ist mg/kg Körpergewicht oder mg/Liter. Als Messgröße hat sich 50 % der beobachteten Messgruppe durchgesetzt. LD_{50} oder LC_{50} = mittlere tödlich Dosis oder Konzentration LD_{75} oder LC_{75} = tödliche Dosis oder Konzentration LD_{100} oder LC_{100} = absolut tödliche Dosis oder Konzentration Der Messwert kann auch noch mit einem Zeitfenster angegeben werden, wie z. B. $LC_{50}/4$ h (Wert nach 4 Stunden Exposition).
leicht entzündbar	Nach CLP-Verordnung eine brennbare Flüssigkeiten mit einem Flammpunkt < 23 °C und einem Siedepunkt > 35 °C ($\rightarrow$ auch extrem entzündbar, entzündbar)
Löschwasserrückhalteanlage	Anlagen, die dazu bestimmt sind, das bei einem Brand anfallende verunreinigte Löschwasser bis zur Entsorgung aufzunehmen.
Mindestzündenergie	Die unter festgelegten Versuchsbedingungen ermittelte kleinste in einem Kondensator gespeicherte Energie, die bei Entladung ausreicht, das zündwilligste Gemisch einer explosionsfähigen Atmosphäre zu entzünden.
Mindestzündtemperatur	1. einer **explosionsfähigen Atmosphäre** ist die Zündtemperatur eines brennbaren Gases oder des Dampfes einer brennbaren Flüssigkeit oder einer Staubwolke; sie wird jeweils unter festgelegten Versuchsbedingungen bestimmt. 2. einer **Staubschicht** ist die unter festgelegten Versuchsbedingungen ermittelte niedrigste Temperatur einer heißen Oberfläche, bei der die Staubschicht entzündet wird. 3. einer **Staubwolke** ist die unter festgelegten Versuchsbedingungen ermittelte niedrigste Temperatur einer heißen Oberfläche, bei der sich das zündwilligste Gemisch des Staubes mit Luft entzündet.
mutagen (erbgutverändernd)	Gefahrstoffe, die beim Einatmen, Verschlucken oder bei der Aufnahme über die Haut vererbbare genetische Schäden zur Folge haben oder deren Häufigkeit erhöhen können.
oral	Aufnahme über den Mund

Anhang 4

organisches Peroxid	Thermisch instabile Stoffe oder Gemische, die einer selbstbeschleunigten exothermen Zersetzung unterliegen können. Ferner können sie zur explosiven Zersetzung neigen, schnell brennen, schlag- oder reibempfindlich sein, mit anderen Stoffen gefährlich und/ oder heftig reagieren. Organische Peroxide müssen teilweise unter Temperaturkontrolle gelagert und befördert werden. Wasserstoff**peroxid** ist kein organisches **Peroxid** = anorganisch, jedoch brandfördernd
ortsbewegliche Behälter zum Lagern	Ortsbewegliche Behälter sind Behälter, in denen Gefahrstoffe transportiert und gelagert werden. Zu den ortsbeweglichen Behältern gehören z. B.: – Verpackungen (Fässer, Kanister, Kisten, Säcke usw.) – Großpackmittel (z. B. IBC, Big Bags (FIBC) bis zu 3000 Liter/3,0 m^3) – Großverpackungen bis zu 3,0 m^3 – Tankcontainer oder ortsbewegliche Tanks – Druckgasbehälter – Aerosolpackungen oder Druckgaskartuschen – Eisenbahnkesselwagen, Tankfahrzeuge, Trägerfahrzeuge mit Aufsetztanks, Batteriefahrzeuge (→ *auch Aerosole/Aerosolpackungen, Druckgasbehälter/Druckgefäße, Großpackmittel, Großverpackungen, ortsfeste Lageranlagen*)
ortsfeste Lageranlagen	Ortsfeste Lageranlagen sind alle Behälter, die für ein stationäres Lagern von flüssigen und festen Gefahrstoffen genutzt werden. Hierzu gehören Tanks, Silos und Bunker.
Oxidation	Chemische Reaktion eines Stoffes mit Sauerstoff. Oxidationen mit Flammenerscheinung werden als Verbrennung oder Feuer bezeichnet.
Oxidationsmittel	Ein Stoff, der Sauerstoff abgeben kann und dadurch eine oxidierend wirkende (brandfördernde) Eigenschaft aufweist. Umgangssprachlich häufig auch als Brandbeschleuniger benannt. Starke Oxidationsmittel können einen brennbaren Stoff bei Kontakt zur Selbstentzündung bringen.
oxidierende Gase	Alle Gase oder Gasgemische, die im Allgemeinen durch Lieferung von Sauerstoff die Verbrennung anderer Materialien eher verursachen oder begünstigen als Luft.
ozonschichtschädigende Stoffe	z. B. Fluorchlorkohlenwasserstoffe (FCKW), Halone, Tetrachlorkohlenstoff, Methylbromid oder teilhalogenierte Fluorchlorkohlenwasserstoffe
passive Lagerung	Das Aufbewahren in ortsbeweglichen Gefäßen, die am Ort ihrer Lagerung nicht geöffnet werden (→ *auch Lagerung, aktive Lagerung*)
PBT-Stoff	Persistenter, bioakkumulierbarer und gleichzeitig toxischer Stoff nach Anhang XIII der REACH-Versordnung (→ *auch vPvB-Stoff*)
persistent	unterliegt keinem natürlichen Abbau
Pflichtvorsorge	Arbeitsmedizinische Vorsorge, die bei bestimmten besonders gefährdenden Tätigkeiten vom Arbeitgeber veranlasst werden muss. Die Beschäftigten dürfen nur dann diese Tätigkeiten ausüben, wenn sie zuvor an der Pflichtvorsorge teilgenommen haben. (→ *auch Angebotsvorsorge, arbeitsmedizinische Vorsorge, Wunschvorsorge*)
pH-Wert	Ein Maß für die saure (Säuren) oder alkalische (Laugen) Reaktion einer wässrigen Lösung. pH-Wert unter 7 = saurer Bereich, pH-Wert über 7–14 ist basischer Bereich. Je weiter entfernt der Wert von der Zahl 7 ist, desto gefährlicher (ätzender) ist die Lösung. Der pH-Wert kann mit Lackmuspapier anhand der Farbskala einfach nachgewiesen werden: Verfärbung nach rötlich bis dunkelrot ist sauer, von blau bis violett basisch. (→ *auch Säure, Lauge*)
ppm	Parts per million (→ *Arbeitsplatzgrenzwert*)
ppmV	Die Konzentration von Gasen wird in Teilen je Million und Volumen ausgedrückt und gemessen
pyrophore Stoffe	Flüssige oder feste Stoffe oder Gemische, die sich schon in kleinen Mengen bei Kontakt mit Luft/Sauerstoff innerhalb von 5 Minuten selbst entzünden können (→ *auch selbsterhitzungsfähige Stoffe*)
pyrotechnische Sätze	Explosionsgefährliche Stoffe oder Stoffgemische, die zur Verwendung in pyrotechnischen Gegenständen oder zur Erzeugung pyrotechnischer Effekte bestimmt sind.

Anhang 4

pyrotechnische Gegenstände	Sind Gegenstände, die Vergnügungs- oder technischen Zwecken dienen und die explosionsgefährliche Stoffe oder Stoffgemische beinhalten, die dazu bestimmt sind, unter Ausnutzung der in diesen enthaltenen Energie Licht-, Schall-, Rauch-, Nebel-, Heiz-, Druck-, oder Bewegungswirkungen zu erzeugen. Pyrotechnische Gegenstände werden nach ihrer Gefährlichkeit oder ihrem Verwendungszweck in folgende Kategorien eingeteilt (§ 6 Abs. 6 der 1. Sprengstoffverordnung): a) Feuerwerkskörper b) pyrotechnische Gegenstände für Bühne und Theater c) sonstige pyrotechnische Gegenstände
reizend	Gefahrstoff, wenn er, ohne ätzend zu sein, bei kurzzeitigem, länger andauerndem oder wiederholtem Kontakt mit Haut oder Schleimhaut eine Entzündung hervorrufen kann
Reizwirkung auf die Haut	Das Erzeugen einer reversiblen (heilbaren) Hautschädigung durch Aufbringen einer Prüfsubstanz auf die Haut für die Dauer von bis zu 4 Stunden.
reproduktionstoxisch (fortpflanzungsgefährdend)	Gefahrstoffe, die beim Einatmen, Verschlucken oder bei der Aufnahme über die Haut a) nicht vererbbare Schäden der Nachkommenschaft hervorrufen oder die Häufigkeit solcher Schäden erhöhen können (fruchtschädigend) oder b) eine Beeinträchtigung der männlichen oder weiblichen Fortpflanzungsfunktionen oder der Fortpflanzungsfähigkeit zur Folge haben können (fruchtbarkeitsgefährdend)
Säure	Es gibt organische und anorganische Säuren. Mit ihnen wird der pH-Wert einer Lösung gesenkt (< 7). Säuren reagieren mit Laugen unter Bildung von Wasser und Salzen. Säuren greifen besonders organische Materialien und Stoffe (z. B. Haut, Augen, Schleimhäute, Kleidung aus Baumwolle) und unedle Metalle an. (→ auch Laugen, pH-Wert)
Schmelzpunkt	Die Temperatur, bei der ein Stoff schmilzt, d. h. vom festen in den flüssigen Aggregatzustand übergeht. Für reine chemische Stoffe ist der Schmelzpunkt identisch mit dem Gefrierpunkt.
Schutzstreifen	Bereiche, die sowohl benachbarte Anlagen und Gebäude gegen die Einwirkung eines Brandes als auch das Lager selbst gegen Zündgefahren von außen sichern sollen. Sie stellen die Abstandsflächen zwischen den benachbarten Anlagen und Gebäuden und dem Auffangraum der ortsbeweglichen Behälter dar.
schwere Augenschädigung	Das Erzeugen von Gewebeschäden im Auge, die nach Aufbringen einer Prüfsubstanz auf die Augenoberfläche innerhalb von 21 Tagen nicht vollständig heilbar sind.
Selbstentzündung einer Staubschüttung	Eine Entzündung von Stäuben; wird dadurch hervorgerufen, dass die Wärmeproduktionsgeschwindigkeit der Oxidations- oder Zersetzungsreaktion der Stäube größer ist als die Wärmeverlustgeschwindigkeit an die Umgebung.
selbsterhitzungsfähige Stoffe	Flüssige oder feste Stoffe, die bei Kontakt mit Luft/Sauerstoff ohne Energiezufuhr sich selbst erhitzen und in größeren Mengen oder nach längeren Zeiträumen (Stunden bis Tage) sich selbst entzünden können (→ auch pyrophore Stoffe)
selbstzersetzliche Stoffe	Thermisch instabile flüssige oder feste Stoffe oder Gemische, die sich auch ohne Beteiligung von Sauerstoff (Luft) stark exotherm zersetzen können. Diese Stoffe werden auch als explosive Stoffe angesehen, wenn sie leicht explodieren oder schnell deflagrieren. (→ auch Deflagration)
sensibilisierend	Gefahrstoffe, die bei Einatmen oder Aufnahme über die Haut Überempfindlichkeitsreaktionen hervorrufen können, so dass bei künftiger Exposition gegenüber dem Stoff oder dem Gemisch charakteristische Störungen auftreten.
Separatlagerung	Die Lagerung von Stoffen in unterschiedlichen Lagerabschnitten mit einer Feuerwiderstandsdauer oder -fähigkeit von mindestens 90 Minuten (→ auch Lagerabschnitt, Getrenntlagerung)
Sicherheitshinweis	Beschreibt eine (oder mehrere) empfohlene Maßnahme(n), um schädliche Wirkungen aufgrund der Exposition gegenüber einem gefährlichen Stoff oder Gemisch bei seiner Verwendung oder Beseitigung zu begrenzen oder zu vermeiden.
Siedepunkt	Auch genannt Kochpunkt; stellt die Bedingungen dar, welche beim Phasenübergang eines Stoffes von der flüssigen in die gasförmige Phase vorliegen. Den umgekehrten Vorgang nennt man Kondensation.

Anhang 4

Signalwort	Gibt das Ausmaß der Gefahr an, um den Leser auf eine potenzielle Gefahr hinzuweisen. Dabei wird zwischen folgenden zwei Worten unterschieden: – „GEFAHR" = eine schwerwiegende Gefahrenkategorie und – „ACHTUNG" = eine weniger schwerwiegende Gefahrenkategorie.
spezifische Zielorgantoxizität	Schädliche, nicht tödliche, Wirkung eines Gefahrstoffes auf Organe oder ein bestimmtes Organ nach einmaligem oder wiederholtem Kontakt mit diesem Stoff. Die Wirkung kann reversibel (heilbar) oder irreversibel (nicht heilbar) sein und unmittelbar und/oder verzögert auftreten. (→ *auch STOT*)
Stand der Technik	Der Entwicklungsstand fortschrittlicher Verfahren, Einrichtungen oder Betriebsweisen, der die praktische Eignung einer Maßnahme zum Schutz der Gesundheit und zur Sicherheit der Beschäftigten gesichert erscheinen lässt.
Stäube, einschließlich Rauche	Disperse Verteilungen fester Stoffe in der Luft, die insbesondere durch mechanische, thermische oder chemische Prozesse oder durch Aufwirbelung entstehen.
STOT	Specific Target Organ Toxicity. Angabe im Sicherheitsdatenblatt bei organschädigender Wirkung (→ *auch spezifische Zielorgantoxizität*)
Tätigkeit mit Gefahrstoffen	Tätigkeit ist jede Arbeit mit Stoffen, Gemischen oder Erzeugnissen, einschließlich Herstellung, Mischung, Ge- und Verbrauch, Lagerung, Aufbewahrung, Be- und Verarbeitung, Ab- und Umfüllen, Entfernung, Entsorgung und Vernichtung. Zu den Tätigkeiten zählen auch das innerbetriebliche Befördern sowie Bedien- und Überwachungsarbeiten.
tiefgekühlte Gase	Gase in flüssigem Zustand bei oder unterhalb ihres Siedepunktes (extreme Kälte, z. B. Stickstoff bei −192 °C)
toxisch	giftig
Treibhauspotenzial	Das Erwärmungspotenzial eines Kilogramms eines fluorierten Treibhausgases bezogen auf einen Zeitraum von 100 Jahren gegenüber dem entsprechenden Potenzial eines Kilogramms CO_2.
Umverpackung	Eine zusätzliche Umschließung für die Aufnahme von einem oder mehreren Versandstücken. Dies können größere Behälter, Stülpkartons oder Schrumpffolien sein. Außen muss die Aufschrift „UMVERPACKUNG" angebracht sein, wenn von außen die Umverpackung als solche nicht erkennbar ist. Alle Kennzeichnungen und Markierungen müssen außen wiederholt werden, wenn diese nicht mehr sichtbar sind.
umweltgefährlich	Stoffe oder Gemisch, wenn sie selbst oder ihre Umwandlungsprodukte geeignet sind, die Beschaffenheit des Naturhaushalts, von Wasser, Boden oder Luft, Klima, Tieren, Pflanzen oder Mikroorganismen derart zu verändern, dass dadurch sofort oder später Gefahren für die Umwelt herbeigeführt werden können.
UN-Nummer	Eine 4-stellige Zahl, die weltweit einen bestimmten Stoff, eine Stoffgruppe oder eine Lösung/Gemisch identifiziert. Diese Nummer ist im Gefahrgutbeförderungsrecht verbindlich. Mit dieser Nummer wird auf keine Art der Gefahr oder auf den Gefährlichkeitsgrad hingewiesen, sondern ist lediglich eine feste Zahl, die bei den Vereinten Nationen hinterlegt ist. Beispiel: UN 1170 Ethanol *oder* Ethanol, Lösung.
verdichtete Gase	Gase unter Druck in gasförmigem verdichtetem Zustand
verflüssigte Gase	Gase unter normalen atmosphärischen Bedingungen unter Druck in flüssigem Zustand
Verpuffung	Sehr schnell verlaufende Verbrennung, bei der es zwar zu einer Volumenerweiterung, nicht aber zu einem relevanten Druckaufbau kommt (→ *auch Detonation*)
Versandstück	Das vollständige Ergebnis des Verpackungsvorganges, bestehend aus der Verpackung und dem Inhalt (→ *auch Zusammengesetzte Verpackung, Druckgasbehälter/Druckgefäß, Großpackmittel, Kombinationsverpackung, Großverpackung*)
Viskosität	Ein Maß für die Zähflüssigkeit eines Stoffes. Je größer die Viskosität, desto dickflüssiger (weniger fließfähig) ist der Stoff.
vPvB-Stoff	Sehr persistenter und sehr bioakkumulierbarer Stoff nach Anhang XIII der REACH-Verordnung (→ *auch PBT-Stoff*)

Anhang 4

Wassergefährdungsklasse	Nach der Verordnung über Anlagen zum Umgang mit wassergefährdenden Stoffen (AwSV) werden in Deutschland die wassergefährdenden Stoffe einer Wassergefährdungsklasse (WGK) zugeordnet. Es gibt die WGK 1 = schwach wassergefährdend WGK 2 = deutlich wassergefährdend WGK 3 = stark wassergefährdend. Nicht wassergefährdende Stoffe sind als „nwg" gekennzeichnet. Zudem gibt es die Kategorie „allgemein wassergefährdende Stoffe". Unter dieser fallen bestimmte feste Gemische, bestimmte aufschwimmende flüssige Stoffe und Produkte wie Jauche oder Gärsubstrate, bei denen der Aufwand für eine sichere Einstufung in eine Wassergefährdungsklasse zu groß wäre.
Wunschvorsorge	Arbeitsmedizinische Vorsorge, die der Arbeitgeber den Beschäftigten nach § 11 des Arbeitsschutzgesetzes zu ermöglichen hat. (→ *auch arbeitsmedizinische Vorsorge, Pflichtvorsorge, Angebotsvorsorge*)
Zoneneinteilung	Explosionsgefährdete Bereiche werden je nach Gefahr in Zonen eingeteilt: Zone 0, 1 und 2 für Gase/Dämpfe und Zone 20, 21 und 22 für feste Stäube. Je nach Zone sind vom Gesetzgeber die Schutzmaßnahmen festgelegt.
Zündmittel	Gegenstände, die explosionsgefährliche Stoffe enthalten und die ihrer Art nach zur detonativen Auslösung von Sprengstoffen oder Sprengschnüren bestimmt sind. (→ *auch Anzündmittel*)
Zündquelle/n	Ein Vorgang, der durch einen physikalischen, chemischen oder technischen Vorgang, Zustand oder Arbeitsablauf eingeleitet wird und der geeignet ist, die Entzündung einer explosionsfähigen Atmosphäre auszulösen. Die Ablagerung von Stäuben, brennbaren Stäuben in Arbeitsräumen, auf Maschinen usw. hat bei der Beurteilung im Hinblick auf Zündquellen eine besondere Bedeutung.
Zündtemperatur	Auch Zündpunkt, Entzündungstemperatur, Selbstentzündungstemperatur oder Entzündungspunkt genannt; die Temperatur, auf die man einen Stoff oder eine Kontaktoberfläche erhitzen muss, damit sich eine brennbare Substanz (Feststoff, die Dämpfe einer Flüssigkeit oder Gas) in Gegenwart von Luft ausschließlich aufgrund seiner Erhitzung, also ohne Zündquelle, selbst entzündet. Dieser Temperaturpunkt ist bei jedem Stoff unterschiedlich hoch.
Zusammengesetzte Verpackung	Besteht aus einer oder mehreren Innenverpackungen und einer Außenverpackung. Die Außenverpackung kann geöffnet werden und die Innenverpackungen können einzeln entnommen werden (z. B. Kiste aus Metall, Holz, Karton). Die Außenverpackung ist eine Schutzverpackung zur Lagerung als Gefahrstoff oder zur Beförderung als Gefahrgut.
Zusammenlagerung	Eine Zusammenlagerung liegt vor, wenn sich verschiedene Stoffe in einem Lagerabschnitt, einem Container, einem Sicherheitsschrank oder einem Auffangraum befinden. (→ *auch Separatlagerung, Lagerklasse*)

Anhang 5 Kontrollfragen

Hinweis zur Bearbeitung der Kontrollfragen:
Die Fragen können im Allgemeinen nur mit Hilfe der Ausführungen in diesem Buch beantwortet werden. Versuchen Sie, die Antworten in den Teilen 1 bis 5 zu finden, bevor Sie mit den Musterlösungen arbeiten.

Lösungen zu den Kontrollfragen siehe Seite 108.

Anhang 5

Fragen zu Teil 1

1. In welchem Informationsdokument findet man alle wichtigen Daten, Erläuterungen und Eigenschaften zu einem Gefahrstoff?

    Antwort: ....

2. Wann und in welchen Zeitabständen müssen Beschäftigte zum Umgang mit Gefahrstoffen unterwiesen werden?

    Antwort: ....

3. In welchen Zeitabständen müssen Jugendliche unterwiesen werden (soweit eine Tätigkeit mit Gefahrstoffen erlaubt ist)?

    Antwort: ....

4. Welche Dokumente helfen bei der Unterweisung (richtiger Name)?
    - A) Betriebsanleitungen
    - B) Sicherheitsblätter
    - C) Betriebsanweisungen
    - D) Sicherheitsvorschriften

5. In welchem Paragraph der Gefahrstoffverordnung wird die Unterweisung der Beschäftigten gefordert?
    - A) § 4
    - B) § 14
    - C) § 9
    - D) § 12

Fragen zu Teil 2

1. Welcher Stoff ist mit seinem Flammpunkt der gefährlichste – weniger gefährliche? Legen Sie mit der Zahl 1 bis 4 die Gefährlichkeit fest. (1 ist höchste Gefahr usw.)

Stoffname	Flammpunkt	Gefährlichkeit
Kerosin	Flammpunkt + 38 °C	
Aceton	Flammpunkt – 18 °C	
Ethylalkohol	Flammpunkt + 11 °C	
Benzin	Flammpunkt – 30 °C	

2. Eine Verbrennung benötigt drei Voraussetzungen im richtigen Mengenverhältnis. Nennen Sie diese drei Voraussetzungen.

    Antwort: ....

Anhang 5

3. Welche Eigenschaft tritt nicht bei Gasen auf?
   A) Kältewirkung
   B) Flammpunkt
   C) Giftig
   D) Sauerstoffverdrängend (erstickend)

4. Welche Gefahr besteht bei erhöhtem Anteil von Kohlenmonoxid (CO) in der Luft?
   A) Vergiftungs- und Brandgefahr
   B) Vergiftungs- und Ätzgefahr
   C) Erstickungsgefahr
   D) Verätzungsgefahr

5. Welche Dichte hat Kohlendioxid (CO_2) gasförmig und welche Gefahr geht davon aus?
   A) Dichte 0,82, Brand- und Erstickungsgefahr
   B) Dichte 1,52, Vergiftungsgefahr ohne bemerkbare Anzeichen mit verzögerter Wirkung
   C) Dichte 1,52, Erstickungsgefahr ohne bemerkbare Anzeichen
   D) Dichte 15,2, Erstickungsgefahr mit wahrnehmbarem Geruch

6. Welche Aufzählung von Gasen sind ausschließlich chemisch wirkende Giftgase mit verzögerter Wirkung?
   A) Helium, Argon, Arsenwasserstoff
   B) Chlorgas, Arsenwasserstoff, Kohlenmonoxid
   C) Kohlendioxid, Stickstoff, Propan
   D) Chlorgas, Kohlendioxid, Helium

7. Welche körperlichen Schäden können bei Arbeiten ohne Schutzvorkehrungen mit organischen Lösungsmitteln auftreten?
   A) Sofortige Bewusstlosigkeit und Tod
   B) Verätzungen auf der Haut
   C) Langfristige Gesundheitsschäden durch das Einatmen von Gasen/Dämpfen
   D) Keine besonderen körperlichen Schäden. Dämpfe lösen sich in der Luft auf.

8. Welche Aussage ist richtig?
   A) Die Dämpfe der meisten brennbaren Flüssigkeiten sind leichter als Luft.
   B) Die Dämpfe von Gefahrstoffen sind immer giftig.
   C) Die Gase/Dämpfe der meisten brennbaren Flüssigkeiten oder Gase sind schwerer als Luft.
   D) Gase sind generell leichter als Luft.

9. Was bedeutet pH-Wert 13,5?
   A) Stark ätzende Säure
   B) Stark ätzende Lauge
   C) Schwach ätzende Säure
   D) Schwach ätzende Lauge

10. Im Sicherheitsdatenblatt ist ein AGW-Wert von 200 ml/m^3 angegeben. Welche Bedeutung hat diese Angabe?
    A) Arbeitsplatzgrenzwert. In 1 Million Teilchen Luft (ppm) am Arbeitsplatz dürfen max. 200 Teilchen dieses Stoffes enthalten sein, ohne dass besondere Schutzmaßnahmen erforderlich sind.
    B) Arbeitsplatzgrenzwert. Am Arbeitsplatz dürfen max. 200 ml/m^3 Flüssigkeit vorhanden sein.

C) Arbeitsplatzgrenzwert. In 1000 Teilchen Luft am Arbeitsplatz dürfen max. 200 Teilchen dieses Stoffes enthalten sein, ohne dass besondere Schutzmaßnahmen erforderlich sind.

D) Arbeitsplatztoleranzwert. Bis zu 200 ml/m³ Luft dürfen als Mittelwert pro Stunde verarbeitet werden, ohne dass Schutzmaßnahmen erforderlich sind.

11. Was bedeutet die Angabe WGK 3?
    A) Schwach wassergefährdender Stoff
    B) Stark wassergefährdender Stoff
    C) Deutlich wassergefährdender Stoff
    D) Wärmeleitzahl eines Technischen Arbeitsmittels

12. Welche Gefahr besteht beim Umfüllen von Säcken mit festen staubförmigen Stoffen?
    A) Hohe Staubentwicklung und dadurch Erstickungsgefahr
    B) Verätzungsgefahr durch die Stäube
    C) Durch die eventuelle Staubentwicklung Explosionsgefahr (Staubexplosionen)
    D) Keine Gefahren bei Verwendung von Absaugeinrichtungen

13. Was bedeutet die Zone 1?

    Antwort: ....

    ....

14. Ein Arbeitsmittel hat die Zulassung „…EX II 1 D…" Welche Bedeutung haben diese Angaben?

    Ex: ....

    II: ....

    1: ....

    D: ....

Fragen zu Teil 3

1. Welche Bedeutung hat folgende Einstufung?

   H370   **GEFAHR**

2. Welche Gefahr geht von folgendem Stoff aus:

   „Zirkoniumpulver, trocken"   H251?

Anhang 5

3. Welches Signalwort und welches Piktogramm sind für einen Stoff mit der Gefahreneigenschaft H312 erforderlich?

   Piktogramm GHS Nr. .... Signalwort: ....

4. Wie viele Gefahrenklassen kennt die CLP-Verordnung 1272/2008?

   Antwort: .... Klassen

5. Welche Bedeutung hat der Hinweis H225?
   A) Flammpunkt > 23 °C und Siedepunkt < 35 °C
   B) Flammpunkt < 23 °C und Siedepunkt > 35 °C
   C) Flammpunkt + 23 bis + 60 °C
   D) Extrem entzündbares Gas

6. Welche Bedeutung hat folgende Kennzeichnung?

   ACHTUNG   H226 und H315

   Antwort:..

7. Welche Bedeutung haben folgende Gefahrzettel aus dem Gefahrgutbeförderungsrecht?

8	2	3	2	4	6

8. Wie groß muss das Kennzeichnungsetikett für einen 40-Liter-Kanister mindestens sein?

   Antwort: ....

9. Auf welche Kennzeichnungsangaben darf in der Regel bei Verpackungen bis 125 mL Größe verzichtet werden?

   Antwort: ....

10. Welche Farbkennzeichnung haben Gasflaschen (Flaschenschulter) mit folgenden Gasen?

Stoff	Farbe	Stoff	Farbe
Acetylen		Medizinischer Sauerstoff	
Wasserstoff		Argon-Sauerstoff-Gemisch	

Anhang 5

11. Darf auf die Piktogramme aus der GHS-Kennzeichnung verzichtet werden, wenn dafür die Gefahrzettel aus dem Gefahrgutbeförderungsrecht angebracht sind?

Antwort: ....

12. Ein Kennzeichnungsetikett enthält folgende Punkte:
Name und Anschrift des Lieferanten, Herstellers,
Nennmenge,
Produktname,
Produktidentifikatoren, wie CAS-Nr., Index-Nr., EINECS-Nr.,
Gefahrenpiktogramm/e,
H-Sätze und
P-Sätze
Welche Angabe fehlt?

Antwort: ....

13. Welche Art der Angabe zeigt eine UN-Nummer?
A) UN 18233
B) UN 67-56-1
C) UN 200-659-6
D) UN 1891

14. Welche Bedeutung haben folgende Zeichen/Piktogramme?

A) Hoch entzündliche Flüssigkeit
B) Oxidierend (brandfördernd) wirkende Eigenschaft; fördert eine Verbrennung
C) Brennbares Gas
D) Entzündbarer Feststoff (Gefahr von Staubexplosionen)

Fragen zu Teil 4

1. Bei einer Arbeit mit Gefahrstoffen besteht eine hohe Wahrscheinlichkeit, dass ein bleibender schwerer Gesundheitsschaden für den Beschäftigten besteht. Es besteht gelegentlich die Wahrscheinlichkeit, dass ein Unfall/Zwischenfall auftritt. Welche Schutzmaßnahme ist hier zwingend erforderlich?
A) Technische Schutzmaßnahmen sind umzusetzen.
B) Die Verwendung Persönlicher Schutzausrüstung ist ausreichend.
C) Nur unterwiesene Beschäftigte dürfen hiermit ohne Schutzausrüstung arbeiten.
D) Keine Schutzmaßnahmen für das gelegentliche Auftreten gefordert.

2. Bei der Arbeit mit Gefahrstoffen wird der Arbeitsplatzgrenzwert überschritten. Welche Maßnahme muss der Arbeitgeber einleiten?
   A) Meldung an die zuständige Behörde (Gewerbeaufsichtsamt)
   B) Der Arbeitgeber hat den Arbeitnehmer darauf hinzuweisen, dass unter erhöhter Vorsicht gearbeitet werden muss.
   C) Dem Arbeitnehmer ist unverzüglich eine geeignete Schutzausrüstung zu geben. Bei einer längerfristigen Überschreitung sind technische Schutzmaßnahmen erforderlich.
   D) Bei Überschreitung des Arbeitsplatzgrenzwertes ist die Auslöseschwelle noch nicht erreicht und deshalb sind noch keine Schutzmaßnahmen erforderlich.

Fragen zu Teil 5

1. Welche Technische Regel regelt im Wesentlichen die Lagerung von Gefahrstoffen in Behältern?
   A) TRBS 520   B) TRGS 2152
   C) TRBA 220   D) TRGS 510

2. In welchem Fall handelt es sich begriffstechnisch um eine Lagerung?
   A) Stoffe, die über einen Zeitraum von mehr als 24 Stunden an einem Ort aufbewahrt werden
   B) Stoffe, die während der Produktion verbraucht werden
   C) Stoffmengen, die zum Fortgang der Arbeiten für die übliche Tagesproduktion bereitgestellt werden
   D) Stoffe/Stoffmengen, die zwischengelagert und innerhalb von 24 Stunden weiterbefördert werden

3. Kreuzen Sie an, welche Stoffe mit den angegebenen Gefahren/Eigenschaften von Arzneimitteln, Gesundheitsmitteln, Nahrungs-, Futter-, Genussmitteln und Kosmetika getrennt zu lagern sind.

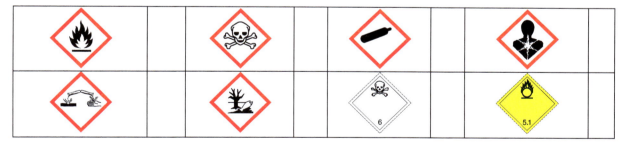

4. Welche Aussage ist richtig?
   A) Kunststoffkanister und Kunststoffbehälter dürfen max. 3 Jahre verwendet werden, solange diese nicht beschädigt sind.
   B) Lagerbehälter für Gefahrstoffe müssen nach Gefahrgutbeförderungsrecht zugelassen sein.
   C) Akut toxische Stoffe müssen unter Verschluss gelagert werden.
   D) Betriebsanweisungen für die Lagerung von Gefahrstoffen müssen bei ausreichend geschultem Personal nicht vorhanden sein.

Anhang 5

5. Welche Farbe hat eine Betriebsanweisung für den Umgang oder die Lagerung von Gefahrstoffen?

   A) Blau B) Orange oder Rot
   C) Grün D) Violett

6. Ab welchen Lagermengen werden besondere bauliche Anforderungen für die Lagerung von akut toxischen Stoffen (gekennzeichnet mit H300, H301, H310 oder H330) gefordert?

   Antwort: .... kg

7. Ab welchen Lagermengen müssen bei der Lagerung von selbsterhitzungsfähigen Stoffen, entzündbaren Flüssigkeiten oder entzündbaren Gasen besondere Brandschutzmaßnahmen umgesetzt werden?

   Antwort: .... kg

8. Ab welcher Lagerhöhe von Gefahrstoffen, die i.d.R. in Mengen über 200 kg gelagert werden, müssen ortsfeste oder teilbewegliche (halbstationäre) Löschanlagen (Sprinkler- oder Sprühwasserlöschanlagen) eingebaut sein?

   Antwort: .... m

9. Welche Menge an entzündbaren Flüssigkeiten muss bei der Lagerung durch Auffangräume mindestens aufgefangen werden, wenn das Gesamtfassungsvermögen der Behälter 200 m^3 beträgt?

   Antwort: ....

10. Ab welcher Lagermenge von entzündbaren Flüssigkeiten müssen automatische Feuerlöschanlagen vorhanden sein?

    Antwort: .... t

11. Welche Schutzfunktion haben Sicherheitsschränke für entzündbare Flüssigkeiten im Falle eines Brandes?

    Antwort: ....

12. Wie groß dürfen Behälter sein, die entzündbare Flüssigkeiten außerhalb von Lagern lagern, wenn sie

    a) zerbrechlich sind?

    b) nicht zerbrechlich sind?

    Antwort: a) .... b) ....

Anhang 5

13. In Arbeitsräumen dürfen maximal 50 Druckgasbehälter gelagert werden, wenn:
    A) bei technischer Lüftung mindestens ein 0,4-facher Luftwechsel/Stunde gewährleistet ist.
    B) bei natürlicher Lüftung die Lüftungsöffnungen mindestens einen Gesamtquerschnitt von 10 % der Grundfläche des Raumes haben und eine Durchlüftung bewirken.
    C) die giftigen Gase über 1,5 m unterhalb der Erdoberfläche gelagert werden.
    D) bei natürlicher Lüftung die Lüftungsöffnungen mindestens 2 % der Gesamtfläche des Arbeitsraumes haben.

14. Welche Aussage ist falsch?
    A) Druckgasbehälter sind gegen Umfallen oder Herabfallen zu sichern.
    B) Bei der Lagerung von Gasen, die schwerer sind als Luft, dürfen die Lagerräume keine Kellerzugänge, Abflüsse, Gruben, Öffnungen zu Kanälen haben.
    C) Die gelagerte Gesamtmenge von brennbaren Flüssigkeiten in ortsbeweglichen Behältern und Aerosolen (Druckgaspackungen) zusammen darf in einem Lagerraum 20 000 L nicht überschreiten.
    D) In Schaufenstern dürfen gefüllte Aerosolpackungen oder Druckgaspackungen nicht gelagert werden.

15. Dürfen Calciumchlorat der Lagerklasse 5.1 A und giftige Stoffe der Lagerklasse 6.1 D zusammengelagert werden?

    Antwort: ....

16. Dürfen Stoffe der Lagerklasse 3 und 8 B zusammengelagert werden?

    Antwort: ....

17. Welche Aussage zu den Begriffen „Getrenntlagerung" und „Zusammenlagerungsverbot" ist richtig?
    A) Die Lagerung von verschiedenen Stoffen in unterschiedlichen Lagerräumen nennt man Getrenntlagerung.
    B) Werden verschiedene Stoffe in einem Lagerabschnitt getrennt durch ausreichende Abstände oder durch Barrieren zusammengelagert, ist ein Zusammenlagerungsverbot eingehalten.
    C) Werden verschiedene Stoffe in einem Lagerabschnitt getrennt durch ausreichende Abstände oder durch Barrieren zusammengelagert, ist dies eine Getrenntlagerung.
    D) Das Lagern verschiedener Stoffe in einem Sicherheitsschrank erfüllt die Regelungen für eine Getrenntlagerung.

Anhang 5

Lösungen zu den Kontrollfragen

Teil 1
zu 1.: Sicherheitsdatenblatt; **zu 2.:** zu Beginn der Beschäftigung und danach jährlich; **zu 3.:** halbjährlich; **zu 4.:** C; **zu 5.:** B

Teil 2
zu 1.: Benzin = 1, Aceton = 2, Ethylalkohol = 3, Kerosin = 4; **zu 2.:** Zündquelle, brennbarer Stoff und Sauerstoff; **zu 3.:** B; **zu 4.:** A; **zu 5.:** C; **zu 6.:** B; **zu 7.:** C; **zu 8.:** C; **zu 9.:** B; **zu 10.:** A; **zu 11.:** B; **zu 12.:** C; **zu 13.:** ein explosionsgefährdeter Bereich, bei dem gelegentlich eine explosionsfähige Atmosphäre aus Gasen/Dämpfen auftreten kann; **zu 14.:** Ex = Explosionsschutzzeichen, II = Gerätegruppe über Tage, 1 = Zonenzulassung für Zone 0 oder 20, D = für Feststoffe/Stäube

Teil 3
zu 1.: spezifische Zielorgantoxizität bei einmaliger Einwirkung, Kategorie 1 (Organ benennen); **zu 2.:** selbsterhitzungsfähiger Stoff der Kategorie 1, kann in Brand geraten; **zu 3.:** Piktogramm = GHS07, Signalwort = ACHTUNG (H 312: Gesundheitsschädlich bei Hautkontakt); **zu 4.:** 28; **zu 5.:** B; **zu 6.:** entzündbare Flüssigkeit mit einem Flammpunkt von + 23 bis + 60 °C und hautreizend; **zu 7.:**

ätzend	nicht brennbare und nicht giftige Gase	entzündbare flüssige Stoffe	giftige Gase	Stoffe, die in Berührung mit Wasser entzündbare Gase bilden	ansteckungsgefährliche Stoffe

zu 8.: mindestens 74 mm x 105 mm; **zu 9.:** auf die Gefahren- und Sicherheitshinweise; **zu 10.:**

Stoff	Farbe	Stoff	Farbe
Acetylen	Kastanien-braun	Medizinischer Sauerstoff	Weiß
Wasserstoff	Rot	Argon-Sauerstoff-Gemisch	Dunkelgrün-weiß

zu 11.: ja, wenn es um die gleiche Gefahrenbedeutung geht; **zu 12.:** es fehlt das „Signalwort"; **zu 13.:** D; **zu 14.:** B

Teil 4
zu 1.: A; **zu 2.:** C

Teil 5
zu 1.: D; **zu 2.:** A; **zu 3.:** ; **zu 4.:** C; **zu 5.:** B; **zu 6.:** über 200 kg; **zu 7.:** über 200 kg; **zu 8.:** über 7,5 m Lagerhöhe; **zu 9.:** mindestens 10 m^3, 3 % des Rauminhalts sind zu wenig; **zu 10.:** ab 20 t; **zu 11.:** das Lagergut vor unzulässiger Erwärmung und auftretende explosionsfähige Gemische vor Entzündung schützen; **zu 12a):** bis max. 2,5 L Fassungsvermögen; **zu 12b):** max. 10 L Fassungsvermögen; **zu 13.:** B; **zu 14.:** C; **zu 15.:** nein; **zu 16.:** ja; **zu 17.:** C